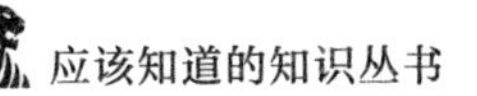

应该知道的知识丛书

生活
知识一本通

本书编写组◎编

YINGGAI ZHIDAO DE ZHISHI CONGSHU
SHENGHUO ZHISHI YIBENTONG

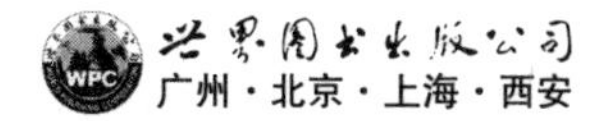
世界图书出版公司
广州·北京·上海·西安

图书在版编目（CIP）数据

生活知识一本通 /《生活知识一本通》编写组编
. —广州：广东世界图书出版公司，2010. 8（2024.2 重印）
ISBN 978 - 7 - 5100 - 2498 - 6

Ⅰ. ①生… Ⅱ. ①生… Ⅲ. ①生活 - 知识 - 青少年读物 Ⅳ. ①TS976. 3 - 49

中国版本图书馆 CIP 数据核字（2010）第 151514 号

书　　名	生活知识一本通 SHENGHUO ZHISHI YIBENTONG
编　　者	《生活知识一本通》编写组
责任编辑	康琬娟
装帧设计	三棵树设计工作组
出版发行	世界图书出版有限公司　世界图书出版广东有限公司
地　　址	广州市海珠区新港西路大江冲 25 号
邮　　编	510300
电　　话	020-84452179
网　　址	http://www.gdst.com.cn
邮　　箱	wpc_gdst@163.com
经　　销	新华书店
印　　刷	唐山富达印务有限公司
开　　本	787mm × 1092mm　1/16
印　　张	10
字　　数	120 千字
版　　次	2010 年 8 月第 1 版　2024 年 2 月第 11 次印刷
国际书号	ISBN　978-7-5100-2498-6
定　　价	48.00 元

前　言

有人曾经说过：生容易，活容易，生活不容易。是啊，生活有时候就像一道难解的谜题，复杂、晦涩得让人头痛不已。不过，无论多么复杂的难题，迟早都会被人们破解。同样的道理，不管怎样困难的生活，人们也要一步步地走过。

有过解题经验的人都知道，想要破解一道难题是需要一点技巧与经验的。在生活中，如果想要闯过一道道难关，或者想要活个清楚、明白也是需要一点指引的。迷失方向的人需要地图的指引，失去生活方向的人需要心理医生的指引，对生活常识了解甚少的人，则需要一本生动、全面的生活知识书籍的指引。

一个人从来到世上的那一刻开始，就注定要面对健康、饮食、安全等一系列问题。对于生活中那些可以自如应对的问题，我们当然可以坦然而快乐地接受。然而，生活中不清楚、不了解的事情，总会在某个角落和我们相遇。如果此时我们毫无准备，必然会惊慌失措、手忙脚乱。相反，如果我们可以尽量多了解一些生活知识，做到“有备无患”，那么，我们就可以轻轻松松、快快乐乐地享受美好的生活。

《生活知识一本通》以简洁的语言、生动的叙述，有针对性地介绍了日常生活知识，以及一些解决日常问题的方法，从而帮助大家轻松地应对生活中的各种问题。

目　录

健康篇

饮食篇

烹饪篇

安全篇

居家篇

人体篇

为什么头发会开叉

头发居人体之首。

乌黑发亮的头发，不但给人以美的感受，而且是健康的标志。人的头发有多少呢？实际上，一个人的头发有10万~12万根。头发每天可长0.3毫米左右，平均每个月长1厘米左右。从长出来到脱落，头发的寿命一般是2~6年，最长可达25年。

头发的形态一般可分为三种：一种是直发，头发又硬又直；另一种是波发，头发像波浪一样；第三种叫卷发，又有微卷、松卷、紧卷、螺旋卷之分。

中亚、北亚、东亚的大多数居民，以及美洲的印第安人，都是直发。欧洲人波发比较多，澳大利亚人和南亚、东南亚的一些居民也是波发；非洲黑人和新几内亚等地的居民，则是卷发。中国人的头发大多是直发。在黑龙江、吉林和河北地区的人中，很少见到波发，他们的头发比较粗而硬；广东、广西、福建和云南等地的人，头发细而软，部分人出现了波发。据统计，我国越往南去，波发的人越多，甚至还会出现极少数卷发的人。

头发长短不一，最长的可达2米多。有些人头发的末端会一分为二，甚至形成几条细丝，医学上称为“毛发纵裂症”，也就是俗称的“头发开叉”。好好的头发为什么会开叉呢？

原来，每一根头发都是由毛干和毛根组成的。毛干是露在皮肤外面的

部分，从里到外分为三层：最中心的一层叫“髓质”；中间的一层称为“皮质”，最厚；最外面的一层叫“毛表皮”，最薄。毛根埋在皮肤里，外面包着筒状的毛囊，头发就是从毛囊里长出来的，毛表皮是由许多死的角质细胞和角质蛋白构成的，它们一个接一个地排列着。因为毛干是已经死去的细胞，所以人们在理发时一点也不感到痛。头发越长，头发细胞死亡的时间就越久，这些头发梢上的死细胞就会逐渐分裂出来。

头发开叉

科学研究表明，造成头发开叉的主要原因是：头发中两种氨基酸——蛋氨酸和胱氨酸的含量明显减少，使毛发质变脆，比较容易裂开。

此外，经常烫发，使用电吹风，用强碱性肥皂洗头，都会使头发中的油脂减少，头发也就容易开叉了。

身体弱、营养差的人，头发细胞活着时就得不到正常发展，死后也容易开叉。

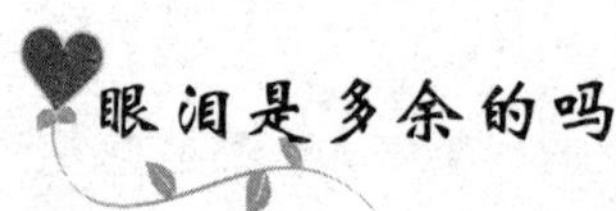

眼泪是多余的吗

由于眼泪和哭泣是一对“孪生兄弟”，所以一提起眼泪，人们就会想到哭。人伤心时会哭，高兴时也会哭，喜怒哀乐常常会使人热泪盈眶。

其实，在日常生活中，情绪变化只是流泪的一个因素。眼内有异物侵入时会流泪；眼睛受烟雾、辣椒、香葱等气味刺激也会流泪；当眼球疲乏酸疼时，眼眶内也会充满泪水……

一般情况下，人们都将眼泪视为伤感、懦弱的象征，觉得它是多余之物，于人无补。因此，就有了“男儿有泪不轻弹”这样表示男人坚强意志的句子。

无论如何，流眼泪都是人体的一种反应，是人体求得平衡的一条途径。

眼泪是泪腺的分泌液，它本身有湿润角膜结膜、润滑眼球运动、清洗尘埃的作用。如果没有泪液分泌，眼球的运动不可能如此润滑，即使一粒很小的灰尘也会马上使眼睛停止工作。眼泪也不单纯是水，眼泪中含有约20%的蛋白质、盐分、脂肪和其他成分，因此，眼泪既是一种润滑剂，也是一种营养液和杀菌液。

泪腺其实每时每刻都在分泌泪液，只是分泌的眼泪量不多，一般不溢出眼眶，也不为人所注意。一旦眼睛内有异物侵入或受到其他刺激，泪腺就会分泌出数倍于平时的泪液，以此来缓解刺激，排出异物。

人在情绪波动时流出的泪水有什么作用呢？

科学家经过研究发现，人在伤心、高兴、愤怒等感情冲动时所流出的泪水与受到葱、蒜味刺激所流出的泪水相比，化学成分是不同的，前者的白蛋白含量很高，且普遍含有亮氨酸——脑啡呔和催乳激素；而后者的白蛋白含量很低，且普遍不存在上述两种物质。白蛋白是人在情绪压抑时所产生的物质。亮氨酸——脑啡呔和催乳激素只有人在感情冲动时，神经细胞才会释放，这些物质积蓄在人体内，会引起溃疡、炎症等疾病，而眼泪正是给这些物质提供了排出体外的机会。如果有泪不弹的话，眼泪只好从角膜进入鼻腔，再经咽喉部进入消化道，眼泪中的有害物质便在代谢过程中引起各类疾病，如哮喘、胃溃疡、心脏病、血液循环系统的病。所以，有的专家认为，女人比男人更长寿，原因之一就是女人比男人爱哭，眼泪能“排忧解难”，所以眼泪不是多余的。

人睡觉时为什么会打呼噜

打呼噜，又叫做打鼾。

一般来说，小孩子打呼噜的情况比较少见，而成年人、胖子打呼噜则是司空见惯。那么，这是为什么呢？要弄清这个问题，就要先搞清楚两个问题：

首先，物体是怎样发声的。不论什么样的物体，都要有振动，才能出

声。无论是固体物质，还是气体、液体，在振动中才会发出声响，一旦振动停止，声音马上会停止，而且，不同质地的物体，发出的声音也不一样，有高音、低音，清脆、沉闷之分。

其次，呼吸时气体通过的通道。空气从外界吸入，首先是通过两个鼻孔进入鼻腔，鼻腔内有鼻毛、鼻甲、血管，对进入的空气进行清洁、加温，这样，温暖洁净的空气再通过鼻腔后面的出口，到达咽部。咽部分为三部分，紧接鼻腔后的那部分叫鼻咽，这里还有软颚，也就是口腔顶部、鼻腔底部悬空的那一部分。软颚本身能活动，是肌肉和黏膜组织，吞咽食物时，它向上卷，把鼻腔盖住，以免食物误入鼻腔。软颚的正中是个小肉疙瘩，向后略突出，这就是悬壅垂，俗称小舌头。咽部对准口腔的部位叫口咽，这里有丰富的淋巴腺，最大的是扁桃体，一张嘴就能看见，左右各一个。空气经口咽，就进入喉头、气管。气管的前面是食管，气管上端，膨大成喉头，这里有声带，是发声的器官。喉头顶端，有一片像树叶一样的软骨组织，叫做会厌软骨。吞咽时，会厌软骨向后一压，把喉头上口盖住，以免食物误入气管。

正常人无论在睡觉或清醒时，空气出入呼吸道，都是很自如的，也没有什么阻碍物振动，因此没有什么声响。

当呼吸道的任意地方出现狭窄，气流不通畅，或呼吸时出入的空气流量比较大，打动通道上的一些构造时，就会发出声响。如果这声音在睡觉时发生，就是打鼾。我们可以自己试一试，用力往后鼻孔吸气，这时候，空气大量地打动了软颚和悬壅垂，就能发出与打鼾一样的声音。

正常人在清醒时，身体结构一切正常，没有任何异常的声音。人在睡觉时，身体肌肉的张力降低，全身都放松了，软颚部位的肌肉也是一样放松了。这样，当空气流通时，发软的悬壅垂、会厌软骨都会发生轻重不同的振动，产生声音。睡觉时，如果张嘴大口大口地呼吸，大股气流打动了软颚，则发出的声音更大，这就是“鼾声如雷”了。

还有一种情况，就是呼吸道有毛病，使通道发生狭窄，也会产生鼾声。比如鼻炎而鼻甲肥大，鼻子不通气；或者扁桃体发炎肥大，后鼻咽腺体发炎肥大，呼吸通道狭窄了，为了要吸入足够的气体，就要张嘴吸气，这时候，鼻甲、小舌头、会厌软骨等都会因发生振动而打鼾。

此外，鼻腔中的分泌物如黏液、鼻涕，加上外界吸入的灰尘、细菌等，空气通过时，打动这些分泌物，也可以发生尖锐的呼哨声。

打呼噜

没有病的人，如果打鼾，多半是以仰卧的姿势睡觉，下巴颏下掉，嘴容易张开而打鼾。只要采取侧卧的姿势，就比较容易克服。如果呼吸道有毛病，像患了鼻炎、鼻窦炎、扁桃体炎、慢性咽炎等，只有把这些疾病治好了，才能使打鼾的现象消失。

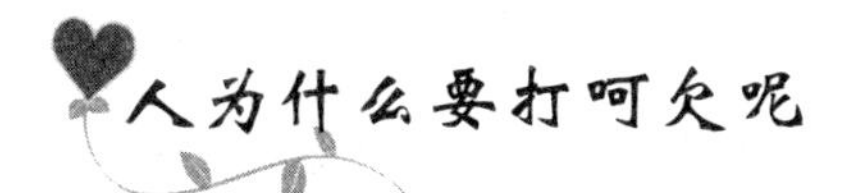

人为什么要打呵欠呢

打呵欠是每个人都亲身经历过的动作，这个动作在我们出生后 5 分钟便出现了，之后的每一天这个动作都会反复再现，它将形影不离地伴随着我们，直到生命的终结。

人们为什么会打呵欠呢？对此，人们给出的答案各不相同。有人说，打呵欠是想睡觉的征兆；有一个科学家则认为，这是疲劳的表现；还有人觉得，这是寂寞无聊造成的。

那么，打呵欠到底是什么原因引起的呢？

过去，相当多的科学家认为，一个人在长时间的工作之后，会逐渐感到疲倦，呼吸会趋于慢呼吸或浅呼吸，这样氧气就会不足，就容易打呵欠，因为打呵欠可以增加血液里的氧气，将积存下来多余的二氧化碳排出体外。

事实真的如此吗？有一位科学家做了一个有趣的实验，让一批学生吸入含有氧气和二氧化碳的混合气体，结果他们打呵欠的次数并没有增加，而让他们吸入纯净的氧气时，打呵欠的次数也没有减少。于是，这位科学家认为，体内氧气不足、二氧化碳过多，并不是打呵欠的主要原因。

之后，这位科学家还发现，夜间行车的司机会频繁地打呵欠；正在认真看书和演算的学生也会呵欠连连；连夜晚喝啤酒消遣和在家中看电视的人也会接连打呵欠，可是却很少有人在床上打呵欠。这是为什么呢？他认为，打呵欠是人们觉得必须保持清醒状态时，促进身体觉醒的一种反应。至于已经上床的人很少打呵欠，是因为他们不再需要保持清醒状态，完全可以高枕无忧，安然入睡了。

颇为有趣的是打呵欠会传染。只要有一个人打呵欠，周围的人们也会跟着打起呵欠来，电影或录像中的打呵欠镜头，也能促使观看者打起呵欠来，连阅读有关打呵欠的文章，也会引起连锁反应，触发打呵欠。

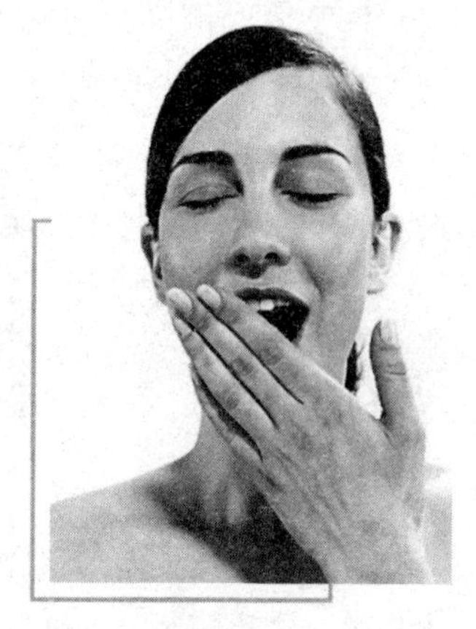
打哈欠

很多人可能还不知道打哈欠对身体健康是十分有益的，它能消除疲劳，振奋精神，减轻人的精神紧张程度。一些生理学家为了让人们定时打呵欠，在一个工作场所安装了扬声器，每隔一个小时放一次打呵欠的录音。工作人员听到呵欠声后受到了感染，也不由自主地打起呵欠来。打完呵欠后，人们精神振作，工作效率也提高了。

此外，打呵欠还可以治疗失眠症，如果人们在治疗失眠症失效后，不妨试一下模仿打呵欠，摆好舒适的姿势，放松身体，闭上双眼，张大嘴巴，甜甜地打上个呵欠，再重复几次，也许你就能享受到渴望已久的酣睡了。

为什么肚子饿了会咕咕地叫

在肚子饿的时候经常会咕咕叫，这是人们常有的体会。那么，我们的肚子为什么会发出这样的“抗议”呢？要解答这个疑团，首先要知道肚子为什么会饿。

我们每天都要吃饭，吃进的饭菜，一般情况下，在经过4～5个小时之后就会从胃中排空。这时胃就会开始剧烈收缩，这种剧烈的收缩，开始于胃的贲门，之后向胃的幽门方向蠕动，最终这种收缩引起一种神经冲动，到达神经中枢，人便有了饥饿的感觉。

胃排空的时间与食物的成分有密切的关系。如果纯粹是糖类食物，一般2个小时左右便排空了。蛋白质类食物，大约需要3~4小时，而纯脂肪类的食物，则需5~6小时。对于混合性食物平均为4~5小时。

胃排空的速度还与进食的量成正比，如胃中有100毫升的食糜，每分钟排出约5毫升，当胃中食糜容量达500毫升时，每分钟可排出15毫升。

我们知道，不论什么时候，胃中总存在一定量的液体和气体。液体一般是胃黏膜分泌出来的胃消化液，量并不太多；气体是在进食时，随着吞咽的食物一起进入胃的。胃中的这些液体和气体，在胃壁剧烈收缩的情况下，就会被揉压挤得东跑西窜，就像我们洗衣服时，衣服中如果包有一定量的空气，在水中我们用手一揉一搓，也会发出叽叽咕咕的声音。由此可知，肚子的咕噜咕噜叫，跟这个也是同样的道理。

人们为什么会换乳牙

换乳牙，出恒牙。不光我们人类是这样，有些有齿动物也是如此。不过在人的一生中，只此两副牙齿；而另外一些动物，如鲨鱼或两栖及爬行类，就不止这两副牙齿了，它们的牙齿是脱了出，出了脱，可谓终生不止。当然还有像鲸鱼等一些动物，从不换牙，只有一副牙齿，不过，这毕竟只是少数。

动物的牙齿，不仅可以咀嚼食物，还可以撕裂磨碎食物，就像菜刀和案板一样。更为重要的是，动物的牙齿还可以进行自卫或袭击，可以说牙齿是它们一个十分重要的随身武器。这样有用的东西，理应长期保持坚实锋利，磨损了就得更换，才能适应环境要求。由此可见，换牙对自然界的动物来说，是十分必要的。

专家们发现，乳牙从第一颗萌出到20颗牙齿出齐，前后不过2年左右；乳牙能独立担当咀嚼任务的时间，前后大约4~5年；待恒牙长出，乳牙脱落，两副牙齿的交替，大约需5~6年，最长可拖10年之久。这样一来，口腔内，乳、恒牙并列共同相处，大约有5~7年。由此可见，换一副牙齿也并不是那么容易的事，人的一生中也只能更换一次。

那么，人为什么要换牙呢？

首先，乳牙长在颌骨上，颌骨会不断生长，等人长至6～7岁时，上面的20颗乳牙，虽然也跟着长大，但成长速度却赶不上颌骨。这时在乳牙之间，已经拉开距离，显出缝隙，牙齿不能紧紧排列，易于龋蚀损坏。另外，乳牙总数不过20颗，待人长到15～16岁，上下颌骨基本已成型，当然不能将颌内填满，牙齿只集中在前面，对食物的咀嚼搅拌很不方便。

恒牙32颗，无论数目和大小，都胜于乳牙，能够适应日益长大的颌骨。

其次，从两种牙齿本身比较也有所不同：乳牙色白，恒牙色黄，表面上似乎乳牙漂亮些，实际上恒牙的牙釉物质内含钙量高，远比乳牙坚实、牢固。

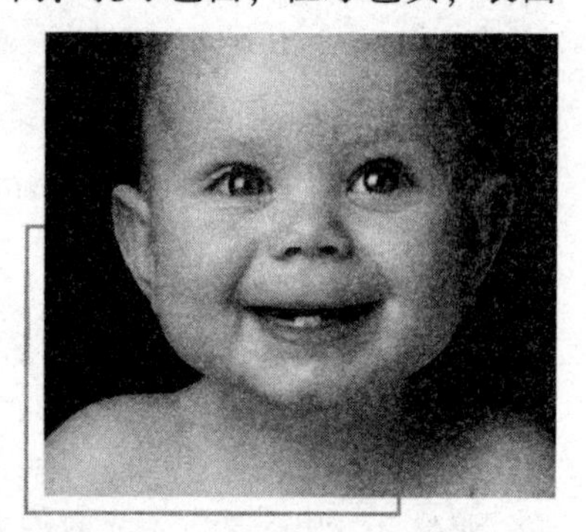

乳 牙

乳牙的体积小于恒牙。乳牙中的磨牙，萌出较早，钙化程度也比较低，因此不耐磨损，往往早早就出现磨耗。此外，乳牙中间的牙髓腔远比恒牙的宽大，它们的根管也特别粗，一旦出现龋蚀，很容易穿露髓腔。这样一比较，乳牙的质量显然不能与恒牙相匹比。

从功能上看，小孩吃的食物，总是比较简单，太硬、太粗的食物很少上口，吃的食量也小，用质量差些的乳牙，还可应付。但长成大人后，饮食复杂，食量又大，用乳牙不足以应付，因此更换结实而又多样的恒牙，对成年来说更为适宜。

为什么天冷时皮肤上起鸡皮疙瘩

当一股冷嗖嗖的风吹来的时候，我们的皮肤就会鼓起无数的小疙瘩，看上去像鸡的皮，这种疙瘩我们称为鸡皮疙瘩。

其实，不只是受冷的刺激皮肤才起鸡皮疙瘩。当人体开始发热，体温开始升高的时候，人也会感到寒颤，这时皮肤上也有鸡皮疙瘩。

那么，为什么会出现这种情况呢？

我们知道，皮肤大体可分为三层。最外面的一层叫表皮，表皮的最外面是角质层，这一层质地比较硬，有保护下面各层组织的作用。

角质层下面是生发层，生发层的细胞有很强的分裂增生能力。人的皮肤在受伤之后，就靠生发层这些细胞的繁殖来促使伤口愈合。

表皮下面的一层是真皮，真皮外形呈波浪状，凸出的部分叫乳头，这里有丰富的神经末梢，专门负责管理皮肤上的各种感觉。

皮下组织位于真皮的下面，这里组织比较疏松，含有不少脂肪、神经和血管。

大家都知道，皮肤上还有毛发。毛发有粗的，也有细的。这些毛发末端伸出表皮，露在皮肤的外面，而它们在皮外并不是笔直的，而是歪歪斜斜的。除去毛发外，还有汗腺、皮脂腺、立毛肌等结构。汗腺是排泄汗液，起调节体温的作用。

毛发的根部，连着一条细小的肌肉，叫立毛肌。肌肉的另一端连接着真皮层，在立毛肌和毛发所形成的夹角里，正好有皮脂腺，皮脂腺是分泌油脂的，在我们的头发中会有特别厚的油脂，就是皮脂腺大量分泌的结果。

我们身体的肌肉，可分为两类：一类是可以随意运动的，叫随意肌，如胳膊、腿、脚上分布的骨骼肌，这类肌肉想动就能动起来；另一类肌肉是不能随意运动的，叫不随意肌，比如胃、肠、气管、食管上的平滑肌，立毛肌也是其中一种。

不随意肌是由身体的植物神经支配的，其中立毛肌的收缩由交感神经来支配，当人体的皮肤突然受到寒冷刺激时，交感神经就兴奋起来，支配立毛肌收缩。

在立毛肌收缩之后，皮肤上就会发生这样的现象：因为毛发被立毛肌从根部拉紧了，歪斜的毛发这时候竖直起来，竖直的毛发又带起一块小疙瘩，于是产生鸡皮疙瘩。当人体在最开始发烧时，由于皮肤上的血管发生收缩使流到皮肤上的血液变少，所以皮肤的温度也随之降低，人也会像被风吹着一样感到寒冷，也会起鸡皮疙瘩。

人体的头发很长，一般说，立毛肌无法将它拉直。但如果人留的是短发，在愤怒时，由于交感神经刺激，头发很可能直立起来。“怒发冲冠”只不过夸大了一点而已。

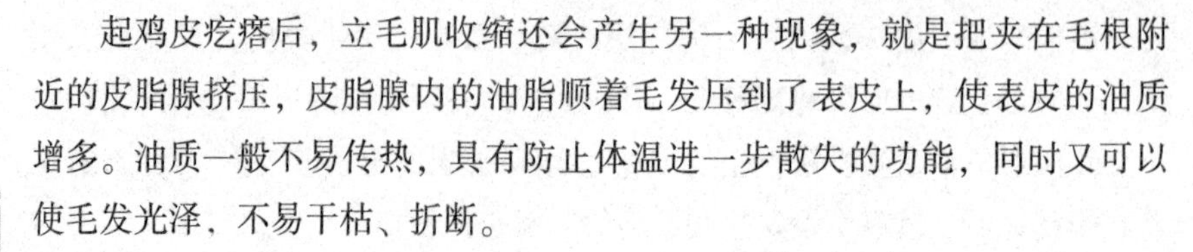

起鸡皮疙瘩后，立毛肌收缩还会产生另一种现象，就是把夹在毛根附近的皮脂腺挤压，皮脂腺内的油脂顺着毛发压到了表皮上，使表皮的油质增多。油质一般不易传热，具有防止体温进一步散失的功能，同时又可以使毛发光泽、不易干枯、折断。

皮肤出血为什么可以自动止住

当我们一不小心把皮肤割破的时候，血液会马上从切口处渗出。一般来说，如果切口不大，就是不包扎，血液也会在几分钟内自行止住，不再继续流血。

好奇的人们一定会问这是为什么呢？

其实，这是因为血流能自行凝结，凝固的血液能把破损的血管口堵住。

如果用显微镜来观察那些堵住伤口的凝血块，你就会发现其中有一丝一丝的东西，还有血球及其他的一些碎片。这种现象很像我们在防汛时，用大沙包、竹条、泥土、石块、稻草等堵住堤坝的堵塞物。

这种凝血的过程是一个十分复杂的生理过程，在这个过程中，它需要10多种物质的参加，我们把这些物质叫做凝血因子。

在血液中，血小板与红细胞、白细胞一样，是血液中的有形成分，它们的体积比红、白细胞要小很多，在每立方毫米的血液中，有10万~30万个左右。

血小板很奇怪，只要是粗糙不平的地方，它就容易在那里停留、积聚。一般情况下，我们体内的血管是异常光滑的，所以它与血管和平共处，但当血管被割破出现裂隙时，这里就不再平坦光滑了。此时，被割破的地方已经成为多事之地，血小板本着维护和平的原则，大量地奔赴出事地点，在这里粘着、积聚、进一步凝聚。与此同时，它还舍身取义，破裂之后释放出能使血管收缩的物质，如血清紧张素，来帮助堵塞伤口。

但遗憾的是，由于势均力敌，光有血小板，还很难堵住伤口，还要有赖于其他物质的参加。在这其中，最重要的要数纤维蛋白，我们在显微镜下见到的那些细丝状、交织成网的物质，就是纤维蛋白。

纤维蛋白是由纤维蛋白原转化而来的。正常人的血液中，有少量的纤维蛋白，但很快会被溶解掉，这是因为血液中有一套防止和促使纤维蛋白分解的系统。在正常情况下，它们保持协调状态，这样血液就可以保持在不凝固的流畅状态。比如有一种物质肝素，它普遍存在于全身各器官组织中，尤其是在肝脏、肺脏中含量最多，这种物质能有效地防止血液凝固。因此在正常情况下，血液是不凝固的。

在血管破裂后，大量血小板在伤口处被破坏而释放出一些物质，这些物质会引起一连串连锁反应，使细丝状的纤维蛋白大量生成，聚集在伤口处，并把血细胞等有形成分拦截堵塞，凝结成胶冻样的物质，这就是凝血块。

正常人的凝血时间一般为 3 分钟。健康人的血管平整光滑，并不发生自身凝血，有的人患动脉硬化，动脉管壁上有一些粗糙不平的物质会沉积在这里，血液也会在这里凝结成块，这就是血栓。如冠状动脉硬化，血栓会堵塞冠状动脉，就会发生严重的心肌梗塞。

相反，如果凝血的机构不健全，也是一种病态。有的人血小板的数量太少，或血液中缺少某些化学成分，皮肤割破后，流血不止；有时虽然皮肤并不破损，在体内关节、皮下或肌肉处，也会出现出血的现象。

疾病“晴雨表”——脸色

一个健康的人脸色会比较红润、光泽，若面色异常往往是某些疾病的反映。如：

红色。一般为潮红，或紫黑枯槁的病色，属赤色，中医认为是心的真脏色，可见于冠心病、充血性心力衰竭、急性胸膜炎、肺炎、肺结核、急性胃肠炎及急性热病等。一氧化碳中毒时病人面颊呈樱桃红色。

黄色。枯黄没有光泽的面色，中医叫做脾的真脏色，表示脾胃功能出现问题。多见于胆道系统感染，阻塞肝细胞坏死，大量红细胞破坏，血中胆红素含量超常，如胆结石、肝癌等。胰头癌，先天性溶血，或某些严重的营养代谢障碍疾病亦可出现黄色。黄疸除面部发黄外，全身皮肤黏膜也可见黄色。

苍白色。苍白没有光泽的面色，中医说是肺的真脏色，是由于面部毛细血管痉挛，局部充血不足，或因血液中的红细胞或血红蛋白含量减少所致。如久病气血皆虚、胃气衰弱，惊吓、剧痛、大出血、严重贫血、休克、急性心肌梗死、呼吸衰竭等均可导致。

青紫色。面部局部性青紫，是由于皮下淤血而形成的，医学上称为紫绀，口唇、耳垂尤为明显。急性紫绀，同休克、化学药物中毒、急性肺部感染及窒息等有关。长期紫绀见于先天性的心脏病，肺动脉高压、心衰等。

青紫色。中医认为，青黑的面色，是肝的真脏色，是风邪极盛、胃气将绝的病，如小儿慢惊风以及破伤风的持续痉挛状态等。

黑色。灰黑的面色，中医叫肾的真脏色，可见于久病肾气将绝，胃气衰弱，如肾上腺皮质功能衰退、慢性心肺功能不全、慢性肾功能不全、肝硬化、晚期肝癌等。

色悴。面色憔悴无比，为慢性病容。若久病显露颜色枯槁不润的，属慢性重病容，是气血亏损胃气将竭的表现。

此外，老年人面部斑点状色素沉着，以及使用某种药物引起的面色异常，如黄、红、黑等，不属病理变化。

所谓真脏色，中医是指五脏精气败露的颜色。反映五脏的真气外露，显示有较为严重的内脏疾病。

伤痂为什么不要过早揭下

在日常生活中，擦伤、划伤、切伤、割伤等是常有的事情。一般来说，只要伤口不发生感染，大约3~4天之后，局部就会出现一层薄薄的红褐色痂，痂逐渐增厚变硬，7~10天左右硬痂会自行脱落，新生的嫩红色皮肤便显露出来。如果身体某一部位接受激光美容、液氮冷冻治疗也会出现这样的痂。这种人体修复创面的基本自然过程，能使受损之处基本完好如初。

然而，遗憾的是，在痂皮生长的过程中，由于局部发痒，有的人就自觉或不自觉地用手抠、揭或者蹭掉。如此一来原本不会留下疤痕的小创伤，痊愈后却出现了色素沉着或者形成不同程度的疤痕。

那么，为什么皮肤受伤处的痂皮不能提前揭呢？原来皮肤受到损伤后，局部因受到刺激而使小血管扩张充血，浆液和白细胞从血管中渗出；而且，血液和渗出液中的纤维蛋白原很快转变成固体状态的纤维蛋白，它和残存的坏死组织一起构成凝块，进而形成痂皮，覆盖在创面上。之后，伤口开始在皮下进行修复：一方面缺损区周围正常皮肤的上皮细胞增生，从四周向创面中心移动；另一方面在伤口底部长出新生的肉芽组织向上延伸。这些细胞都和痂皮紧密相连或者长入痂皮之中，直到表皮完全修复之后才与痂皮分离，并自然脱落。

如果在自然脱痂前强行揭痂，就可能将正处于修复阶段的新生上皮细胞及肉芽组织一同“连根拔起”，甚至撕脱真皮组织，从而影响伤处的修复进而产生疤痕。即使“根”没有被拔掉，也会使局部组织又一次受到损伤刺激，再次产生炎症反应，这会使新生细胞中的一部分硫基被除掉。而硫基有抑制酪氨酸氧化为黑色素的作用，从而导致新生的皮肤出现淡褐色的色素沉着斑。

因此，当您不小心造成皮肤创伤而形成痂皮时，一定要好好保护，注意不要碰破，保持局部清洁卫生，及时擦去汗液，避免阳光直接照射，更不要揭或蹭伤痂。如果局部瘙痒剧烈难以忍受，可用一些软膏外涂止痒，确保痂皮的自行脱落，这样痊愈后就不会留下疤痕及色素沉着。

人在紧张时心脏为什么会怦怦地跳

当人在精神紧张、情绪激动、发怒或者兴奋的时候，都会引起身体生理上的一些变化，而心脏怦怦地跳，是最容易感觉到的。因此，人们把它作为情绪波动的主要标志之一。

好好的心脏，为什么会出现急速地跳动的情况呢？

其实，这个问题不在心脏，而在于支配心脏活动的交感神经以及一些激素。

人在兴奋激动之时，整个大脑都会兴奋。有一种交感神经，它虽不受大

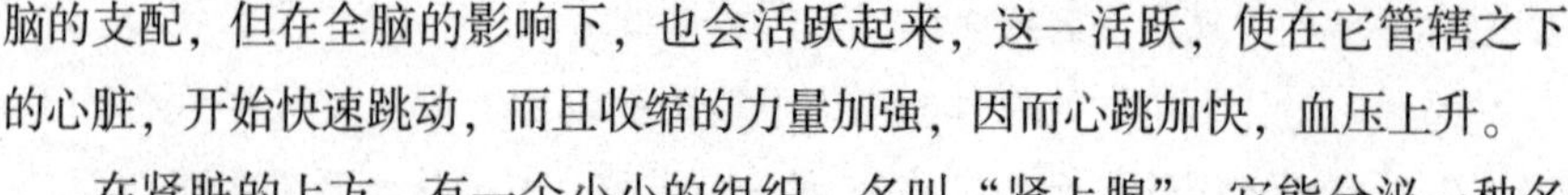

脑的支配，但在全脑的影响下，也会活跃起来，这一活跃，使在它管辖之下的心脏，开始快速跳动，而且收缩的力量加强，因而心跳加快，血压上升。

在肾脏的上方，有一个小小的组织，名叫“肾上腺”，它能分泌一种名叫“肾上腺素”和“去甲肾上腺素”的物质。当人情绪激动或紧张时，肾上腺的分泌也会活跃起来，于是这两种分泌物的产量大增，当随着血流流经心脏时，心肌遇到这两种物质就仿佛接到了命令一样，心跳也加快了，收缩也增强了。它的这一作用和交感神经是异曲同工的，于是心脏的跳动和收缩就像火上加油，跳得格外快速，格外用力了。人体对一般正常的心跳并无感觉，但当心脏跳动用劲时，血液的输出就会加多，跳动节律加快，人体就会感到胸腔里心脏的跳动了。

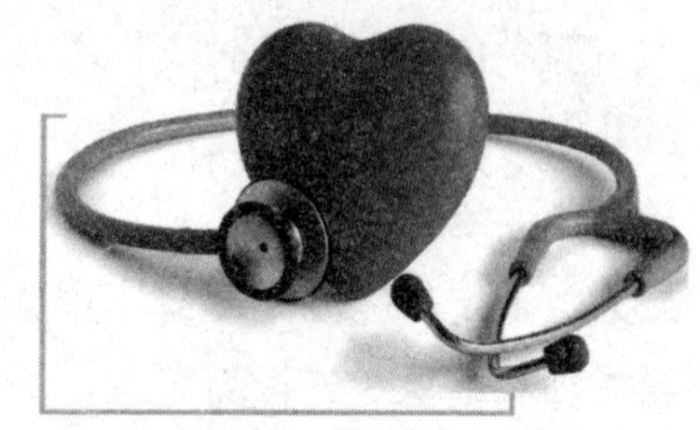

心 跳

正常心脏对于这种改变，倒还可以忍受，但是，对于有心脏病的人，或者病情严重的病人，这却是沉重的一击，也许可能会使心脏陷入危险的境地。因此，心脏病人或心脏不太好的人，应该情绪稳定，心平气和，不要有很大的情绪波动。

舌苔与健康的关系

在看病的时候，往往要先看看舌苔。

那么，舌苔是怎么来的，又与我们健康有着怎样的关系呢？

其实，只要你留心观察一下自己舌头的表面，就能发现这里并不是平坦的，而是有着无数的小颗粒，要是用显微镜看，就会发现这些高低不平的东西，有的像火焰一样，有的像一团团的小圆球，还有少数像较大个的蘑菇状的圆盘。这些东西名叫乳突，大致可分为丝状乳突、锥状乳突和菌状乳突，其中前两种数量很多，只有后面的一种数量很少，大约只有 10 ~ 12 个，呈 V 形排列在舌根部位。

乳突是被一层表皮细胞覆盖的结构。正像其他组织一样，这些上皮细胞会不断地生长，老的自然脱落，变成无用的组织，由新生的上皮细胞来代替。

舌头表面是不平坦的，这看来没有什么，可是对小小的微生物来说，这些缝隙却是很好的“避风港”和繁殖场。另外，人吃过饭以后，食物残渣也可能在坑坑洼洼的舌表面滞留。这样，微生物既可以在这里藏身，又可以找到供其生长所必需的养料——食物残渣，因此，细菌就可以在此“安居乐业”，繁衍生息了。

在健康人的舌面上，这些变化总是在一定的限度里：表皮细胞的脱落，细菌的滋长等，并不明显。所以，正常舌面可以见到一层白色的薄薄舌苔。

但当人体生病，抵抗力减退之后细菌就会大量滋生，乳突上皮细胞脱落也可增多，这时候，舌苔看起来就会增厚。有的细菌在繁殖时还可能产生一些分泌物，甚至产生色素，舌苔的颜色就起了变化：有时呈黄色，有时呈褐色，甚至有时会变成黑色。

因此，在一定程度上，舌苔可表示人体内的生理病理状态，有些疾病如肿瘤、寄生虫病等，在舌苔上还可有特殊的表现。

现代实验科学证实，舌苔的形成与人体的血液循环状态、消化系统的机能，甚至包括肝脏、胰脏的机能状态都有密切的关系。

中医则认为，凡是舌苔色白的，表示人体内有寒气发黄的舌苔是热性病，如果热极盛，舌苔就会变成褐色，甚至成为黑色，这些都需要用清热的药物来治疗。

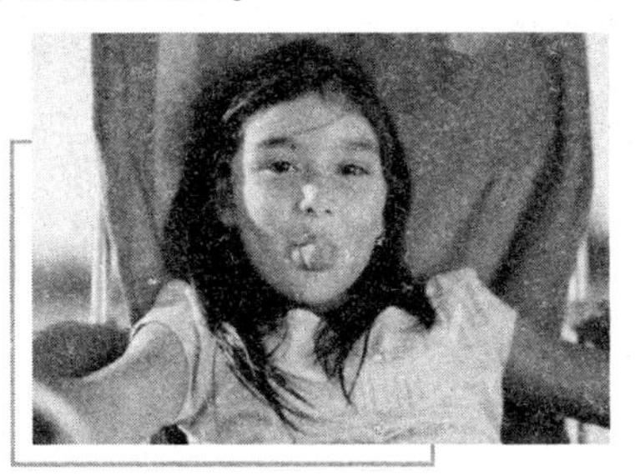

舌　苔

中医很重视观察舌苔，认为它与病症有关。如舌苔干裂，说明身体内水分散失，津液亏损，而粘腻的舌苔则表示体内有湿有痰。

为什么说“赤足行走好处多”

一些保健医生和专家认为，都市人要保持健康的身体，就应该经常与大地母亲亲密接触。因此，不管是大人和小孩，最好每天赤着足，在草坪

或沙滩上行走半小时，散步、慢跑、快跑都行。这不仅可刺激足底穴位健身强体，更是最简单、随意的保健方法，而且赤足触地，还可以把人体内积存的无用静电传导给大地。

人的身体是一个传导体，它能够吸收静电。尤其在气候干燥的地方，人体所积存的静电，有时会高达几百到几千伏特。所以在这种情况下，当人体接触到金属器材时，就会有触电的感觉。

在科学技术日益发展的今天，人们的穿着也大多数是化纤成分，再加上脚上的胶底鞋，就好像一个绝缘的东西把人体包裹起来。如此一来人体所积存的静电，就无法传导给大地。当静电越积越多后，如果没有地方“放电”，它就会在人体内作怪，影响人体内分泌的平衡，从而干扰人的情绪，产生失眠、烦恼、不安等不良症状。

然而，通过赤足可以把人体无用的静电传导给大地的电磁场。我们平时总会有这样的感觉，当我们赤着脚走在沙滩上，或者躺在草地上，伸展开四肢时，就会觉得特别的舒服和清爽，这种方法可以治疗因体内积存静电过多而导致的失眠、烦恼等症状。

曾经有一个老年人，他患有失眠症，服过很多药物都不见效果，后来，一位保健医生就劝他每天在草地上赤足行走 10 分钟。结果几个星期后，这位老年人的病奇迹般地好了，每晚都能睡得很香甜。

有人担心赤足行走会让寄生虫、钩虫的幼虫乘机而入，特别是对足底肌肉比较幼嫩的小孩来说。其实，我们可以穿上布的鞋子，因为棉布底不像胶底，是可以传电的，不会影响人体“放电”。

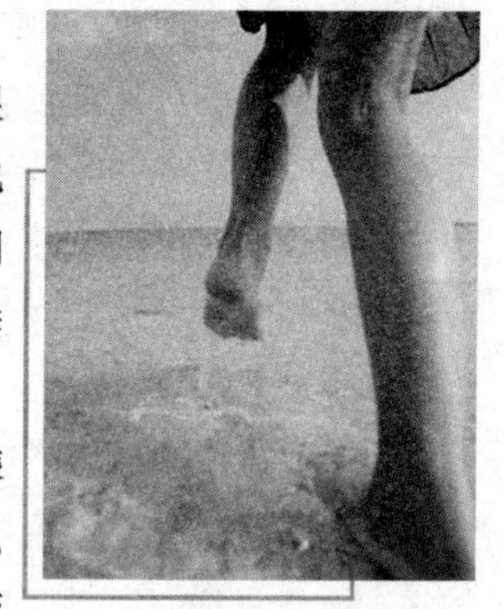

光　脚

破伤风是伤口受风吗

盛夏，骄阳似火。

一位年轻的妈妈抱着一个小男孩子匆匆来到医院急诊室，只见她神色

慌张地指着用衣服裹得严严实实的孩子说："大夫，快救救我的孩子吧，他的头碰伤了，给他打一口破伤风针吧。"这位年轻的妈妈一边说着，一边又急忙把诊室里正在转动的电风扇关上。原来，这位妈妈听说伤口见了风就会得破伤风，因而立即用衣服把孩子包得严严实实地上了医院。

从字面上理解，破伤风似乎就是伤口受了风引起的病，但实际上，破伤风与自然界的风是毫无瓜葛的。

破伤风是一种叫破伤风杆菌的微生物自体表破损处侵入人体而引起的特异性感染。此菌在医学分类中属于革兰氏阳性的厌氧芽孢菌，它多藏在食草动物及人类的粪便、尘埃、铁锈、泥土之中。因破伤风杆菌属于"厌氧菌"，所以，受污染的开放性创伤，如当伤口小而深，并有大块坏死组织、异物、泥土、铁锈，及其他"需氧"化脓菌的混合感染存在，造成脱氧环境时，就给了它生长和繁殖的有利条件。此外，接生时器械不洁，破伤风杆菌也可以从新生儿脐带的创口侵入人体。

破伤风的临床症状主要是全身肌肉痉挛抽搐。因颈部和背部肌肉痉挛引起颈部强直，脖子向前屈曲受限，腰部肌肉痉挛过于向前伸展，所以患者的身体出现弓状僵直，形成"角弓反张"状态。同时因为面部的咀嚼肌和表情肌痉挛而形成似笑非笑的所谓"苦笑"面容，甚至牙关紧闭，张口困难，不能进食，严重者可因参与呼吸的肌肉痉挛窒息而危及生命。

一旦被破伤风杆菌感染，用药物治疗的效果往往不是很好，故应未雨绸缪，以预防为主。受伤后污染严重的伤口应彻底进行冲洗清创，并注射青霉素以抑制破伤风杆菌在创伤局部生长繁殖，同时注射破伤风抗毒素。

胃有"八怕"

在人的内脏器官中，胃是十分"辛苦"的一个。在人的一生中，它要接纳数十吨的食物，冷热粗细，酸甜苦辣样样俱全。非但如此，胃还是食物的重要消化场所。我们知道，食物只有消化了，营养物质才能被充分吸收和利用。胃一天要分泌 6000 毫升的消化液用以消化食物，假如胃的功能发生障碍，身体就会出现一系列的疾病，比如营养不良、贫血等。由此可见，胃是身体的一大重要器官，我们应该好好保护它。

想要保护好我们的胃，首先就要知道胃的“八怕”：

一怕吃得过快。狼吞虎咽，囫囵吞枣。食物如果咀嚼得不充分，消化液就会分泌不足，食物则难以充分消化，久而久之，胃就会“罢工”。

二怕吃得太饱。暴饮暴食，不仅使胃的消化能力难以承受，造成消化不良，有时还能导致胃扩张、胃穿孔等严重疾患。

三怕边读边吃。有些人喜欢一边看书，一边吃饭。这样，由于阅读时大量的血液供给脑部，供给胃肠消化吸收的血液相对减少，影响消化吸收，长期下去，易导致慢性胃病。

四怕常吃零食。经常吃零食，会破坏胃消化酶分泌的正常规律，使胃经常打“无准备之仗”，得不到正常合理的休息，容易致病。

五怕蹲着吃饭。我国一些地区，尤其是北方的农村，有蹲着吃饭的习惯，岂不知，这种进食方式，使腹部及消化道血管受压，不利于血液供应，而进餐时，恰需大量血液进入胃用于消化，易致胃病。

胃 部

六怕多吃冷食。多食冷食能降低胃的温度，使胃的抗病能力下降。并且一般冷食中致病性微生物也比较多，因此，不宜多食冷食。

七怕饮酒过度。大量饮酒，可损伤胃黏膜，致胃穿孔等。经常暴饮，可影响胃液分泌，降低酶活性，使人食欲下降。

八怕食物过辣。经常进食辛辣食品，可刺激胃黏膜充血，久而久之，可导致慢性胃炎。

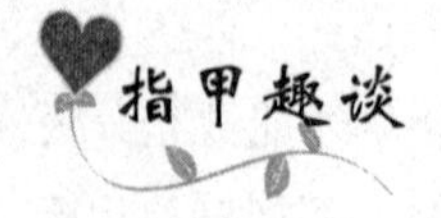

指甲趣谈

指甲在夏天比在冬天长得快，白天比黑夜长得快，早晨比下午长得快。

习惯用右手的人，右手指甲长得比左手快；反之，左撇子的左手指甲长得比右手快。指甲虽然平均每月生长 5 ~ 12 毫米，但每个指甲的生长率又不完全相同。一般来说，手指越长，指甲长得越快。因此，人的中指指甲长得最快，而小指指甲长得最慢，手指指甲生长要比脚趾指甲快 4 倍。

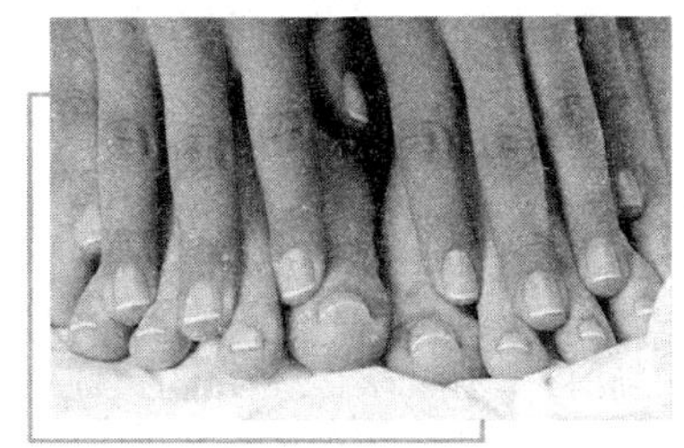

指 甲

指甲一旦脱落后，裸露部分就被一种颗粒状的组织覆盖，然后长出新表皮层，其过程与疤痕组织的恢复过程相同。指甲脱落后，手指指甲的生长一般需要 3. 5 ~ 5. 5 个月的时间，而脚趾指甲则需要 6 ~ 8 个月。

运动能使人变得更聪明吗

美国的一个研究机构曾用小白鼠作为实验动物，证明生命早期进行体力活动会促进大脑的运动中枢发育。

他们取了两窝断奶的小白鼠，分成两组，一组放在一个小笼子里，它们只能取食和喝水，不能进行其他活动；而把另一组放进大笼子里，里面装有各种运动器具，它们可以游泳、玩耍，还可以在小车轮上跑来跑去。

在 17 天之后，科学家发现活动少的小白鼠大脑重量减轻了 3%，大脑皮层薄了大约 10%。而活动多的小白鼠，大脑皮层和细胞长得更长，分枝更多。这个实验表明，运动刺激可以有效地增加大脑的重量以及皮质的厚度，能够提高大脑皮层的分析以及综合能力。

与之相同，一些从小就爱运动的同学，他们不仅学习成绩好，而且反应速度、灵敏程度以及智商指数，都要比不爱运动的同学好。

所谓人的聪明和灵巧是指一个人的反应既要迅速又要准确，这主要是看一个人的神经中枢功能。

我们知道，神经中枢主要是由大脑、小脑、延脑、脊髓等组成。大脑皮层是总指挥。

当大脑皮层受到刺激后，就会产生兴奋，下达命令，作出反应，人们把这段时间叫做运动反应潜伏期，一般人大约需要0.3~0.5秒，而经常锻炼的人需要0.15秒，优秀的运动员则更短，只需0.1秒，甚至更短。

大脑活动的基本过程是兴奋和抑制的交替。人在运动时，管理运动的脑细胞和神经经常处于迅速的兴奋和抑制的交替过程中，久而久之，大脑的调节功能、活动的强度、反应的灵活性以及准确性等便能得到很好的发展。所以，经常锻炼的人，大脑皮质的兴奋和抑制就会转换得比较迅速、准确，说动就动，说停就停，灵活省力，而且事半功倍。

一个人思考的速度和智力，往往可以测定一个人脑细胞的反应速度，这个除了遗传因素影响外，经常进行体育锻炼也可以促进这种能力的提高。

有人说，运动时血液都跑到身上去了，头部的血液循环减少了，会对大脑产生不利的影响，这种担心有必要吗?

据研究，大脑工作所消耗的氧是人体耗氧量的25%。而体育运动可使大脑的吸氧量增加，所以能使智力更为发达，不会对大脑产生不良的影响。有的人在运动后反而会感到头脑清晰，反应锐敏，心旷神怡。

在运动时，有一种激素——儿茶酚胺会大量释放，它能够加强大脑皮层的兴奋过程，从而可以提高人体对刺激的敏感性和分析判断的能力。

运动真的可以增强人体抵抗力吗

可以肯定地说，运动是可以增强人体免疫力的。我们先来看一下追踪观察试验：

有人曾对家庭生活条件基本接近，开展体育运动较好与较差的两所学校各两个班级的学生，进行的连续6年的追踪观察中发现，运动班学生6年中上呼吸道感染率、因病缺课率逐年下降，尤其呼吸循环系统与肾脏疾病发病率明显下降。而对照班在刚进校时与运动班无明显差别，但以后随着年级增加发病率逐年上升。在疾病减少的同时，运动班学生的生长发育水平，无论身高、体重、胸围、肺活量、脉搏、心血管机能、背肌力、手肌力，均逐年超过对照班，并随着年龄的增加，差距更大。力量、耐力、速度、灵敏等素质指标也明显胜过对照班。

从以上的试验我们可以得出：体育运动能使人的抵抗力增强，从而患病率将会下降。这是为什么呢？

运　动

有两个原因：一是运动能增强神经系统的调节功能，提高对外界环境的适应能力。如户外活动、水中活动，经常会接触空气、阳光和水，运动前后如脱衣、穿衣等，皮肤会受到各种不同温度的刺激，这样就能锻炼神经系统的反应能力，使体温调节中枢迅速作出反应，保持体内正常活动所需的体温，病菌也不易侵入，防止疾病的发生。一般地，运动员穿的衣服比一般人的都要少，但却不会受凉感冒，就是这个道理。我们曾对一些青少年运动员和一般学生实行过冷刺激皮肤反应的实验，一般学生在冷刺激后皮肤反应明显，有 85% 的人“哆嗦”不止，而运动员受冷刺激后很快就趋于平静，无“哆嗦”现象。

另一个原因是，运动可以使体温升高，而体温升高有助于提高巨噬细胞对细菌、病毒的吞噬效果，有助于提高机体抗感染能力。运动促进内源性阿片肽的释放，使人产生愉悦感，能抗焦虑并能消除紧张情绪，降低患病的危险性，可增强战胜疾病的信心。

运动有益健康，但不是所有的人都可以进行运动。具体地说，下列人群禁忌运动或运动时要极为谨慎：发烧者；有出血倾向者，如血液病患者；不稳定骨折的治疗者；感冒者；过饱或过饥者；血糖未得到很好控制的糖尿病患者。有高血压、冠心病、传染病、皮肤病者，不宜参加游泳运动；有高血压者不宜进行有明显憋气的运动，如大强度的力量练习；骨质疏松者不宜进行激烈的、有身体接触的对抗性运动；有膝、踝关节疾病者不宜进行有跑跳内容的运动项目。

为什么不要经常跷二郎腿

有些人在坐着的时候，喜欢将一只腿架在另一只腿上，这样的坐法被人们称之为“翘二郎腿”。如果你在坐着的时候会不知不觉地翘起二郎腿，一副优哉游哉的样子，那么，从现在开始最好放下你的二郎腿，安静地坐一会儿。因为，经常跷二郎腿，会给我们的身体带来很多危害。

首先，经常跷二郎腿，很可能会引起下肢静脉曲张。当我们在跷二郎腿时，膝盖受到压迫会影响下肢血液循环，两腿长时间保持一个姿势不动，血液运行受阻，很有可能造成腿部静脉曲张或栓塞。严重时会出现腿部青筋暴突、溃疡、静脉炎、神经痛等。此外，一些人会因腓总神经长时间受压缺血，导致运动和感觉功能受损，可出现下肢麻木、酸痛，甚至突然不能行走的后果。

跷二郎腿

其次，经常跷二郎腿，很可能会使脊椎变形或者引发腰背疼痛。人体正常脊椎从侧面看应呈“S”形，这种生理弧度有助于支撑人体骨架。常跷二郎腿，脊椎有可能变成弧形状（“C”形），造成腰椎与胸椎压力分布不均，引起脊柱变形，有的则会导致腰椎间盘突出，形成慢性腰背痛。有专家认为，经常跷二郎腿，还是加重颈椎病、腰肌劳损的重要原因之一。青少年处于生长发育期，常跷二郎腿容易形成驼背和脊柱弯曲。

最后，经常跷二郎腿，很可能诱发心脑血管疾病。当我们跷二郎腿的时候会导致血液上行不畅，使回流心脏和大脑的血液量减少或速度减慢。这会影响大脑和心脏功能，也容易诱发高血压、心脏病等，尤其是有心脑血管病的老人，更应警惕。糖尿病患者循环功能差，久跷二郎腿，还可能导致糖尿病加重。

对于长期坐在课桌前的学生来说，最好少跷二郎腿。如果一时改不过来，也要有意识控制翘腿的时间，两腿切忌交叉过紧，几分钟应变换一种坐姿，或一段时间后，站起来多走动一下。

嗓音突变是怎么发生的

少男少女到了十三四岁，嗓音就开始发生改变，由幼稚的童音逐渐变为成熟的成人音。其中女孩子的声音变得尖细，男孩子的声音变得低沉。这就是我们通常所说的少年变声期，这段时期大约会持续6~12个月。

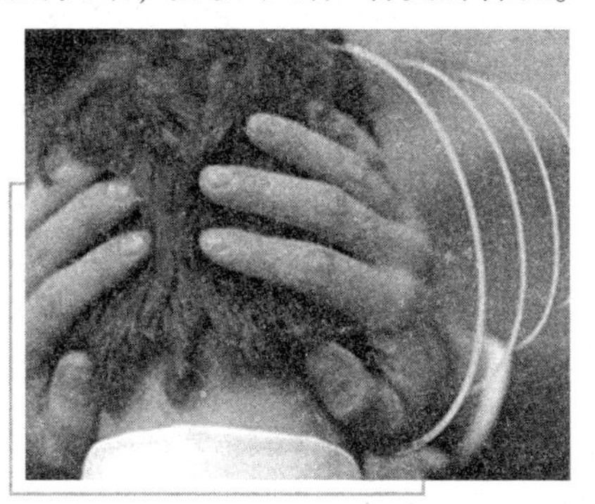

嗓 音

好奇的人一定想知道，为什么会出现这种现象呢？其实，少男少女之所以会变音主要是由于人体内分泌腺的影响而引起的。当你步入青春期，性腺开始发育成熟，第二特征出现，喉部也发生明显的变化，咽喉迅速增大，男孩子甲状软骨向前突出，形成喉结，同时声带也随着变长、变厚。这时候，如果进行喉部检查，你还会发现声带变得又肥又厚，并呈现生理性充血、分泌物增多、声门软骨部闭合不良、形成变声三角带等等。经过变声，男孩子的声音一般都要降低八度，女孩子降低三度。在这一时期，有些少年朋友还会出现喉部干燥、发声费劲，甚至出现轻微的声音嘶哑，这些都是正常的生理现象，不必过分忧虑。

如果你想拥有一副好嗓子，那么，在变声期的时候一定要加强保护它。

首先，要加强体育锻炼，尽量减少呼吸道疾病的发生，以免影响喉部和声带的生长发育。

其次，不要狂喊乱叫，或者无节制地大声说话。唱歌时不要随意提高声调，以免造成声带黏膜下出血。还要注意间断休息。

最后，在饮食方面，应该少吃辛辣和油腻的食物，如胡椒、辣椒和油炸的食品等，更不要吸烟喝酒。在剧烈运动后不要立刻吃冷饮。另外，女孩子在月经期，声带充血更加严重，因此要尽可能避免感冒，尽量少用嗓子。

得了近视眼怎么办

如果你的眼睛看近处清楚，看远处模糊，那么，你的眼睛就是近视眼。2002 年底，有媒体报道，我国学生的身体健康状况有很大改善，惟有近视眼和龋齿的发病率有增无减。其中，因为受升学压力和环境因素的影响，近视眼防治形势最为严峻。近视眼患病率小学为 21.0%，初中为 43.6%，高中则达到 66.5%。而且，升学压力和生活现代化相关的环境因素，如电脑普及等，还将对近视眼患病率产生持续影响。

近视眼主要是不注意用眼卫生造成的。看书光线太暗、学习时身体姿势不正、书上的字太小、连续阅读时间太长等，都会使眼睛过度疲劳，造成眼睛调节失去平衡，时间长了就会得近视眼。

眼睛近视了，当然很苦恼。比如说，你去瞄准打靶，往往瞄不准，老打偏；迎面走来熟人，你会瞪大眼睛走过去，好像根本不认识一样；黑板上的字，不是看不清，就是认错。近视眼的人，喜欢把书本拿近了看，可是，越拿近了看，眼睛也就越近视，成了恶性循环。高度近视的人，会发展到双目失明。你看，近视有多么麻烦！

得了近视怎么办呢？最好先到医院里检查一下，看眼睛是真性近视还是假性近视。真性近视，度数较深，就只好戴近视眼镜了。假性近视如果注意保护治疗，养成良好的用眼卫生习惯，是可以使视力好转的。预防近视眼要做到“六注意”、“六不要”。

六注意：

一注意：看书写字，注意眼睛与书本距离约 30 厘米。

二注意：读书一小时，要注意休息几分钟，向远处看看，做做体育活动，或者干脆闭上眼睛。

三注意：注意读书写字的姿势，不要趴在桌上或躺在床上看书。

四注意：注意看书写字光线要合适，光线应从左前方照来。

五注意：注意坚持做眼保健操。

六注意：注意积极参加体育锻炼。

六不要：

一不要：不要在光线暗的地方看书。

二不要：不要在耀眼的强光线或强烈的日光下看书。

三不要：不要在吃饭、走路和乘车的时候看书。

四不要：不要在跳动的灯光下看书写字。

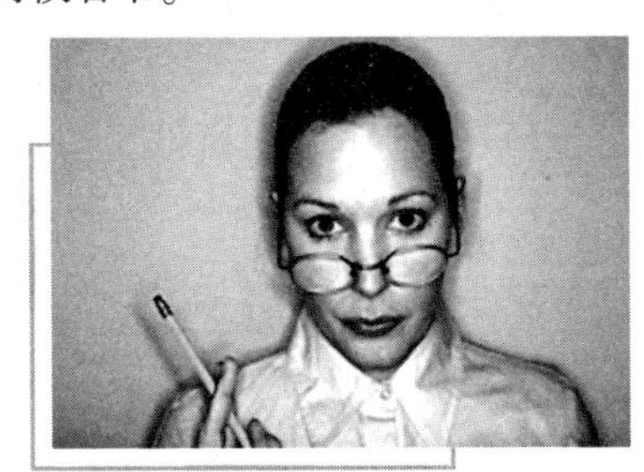

科学用眼

五不要：不要长时间突击性看书做作业。

六不要：不要每天长时间看电视。

如果你的身体太弱，近视越来越深，最好去医院治疗。此外，自己也要加强锻炼，多作户外活动，呼吸新鲜空气，多吃含维生素丰富的蔬菜水果，并经常做眼保健操，持之以恒，你的眼睛一定会好起来的。

人体生物钟 24 小时

前苏联科学家费洛诺夫根据科研成果及有关资料对人体生物钟 24 小时的表现进行了以下的表述，它对人们日常工作、生活和防病治病具有一定的指导意义。

1 时：大多数人已进入浅睡易醒阶段，对疼痛则非常敏感。

2 时：除了肝以外，大部分器官工作极为缓慢。

3 时：全身休息，肌肉完全放松，这时血压低，脉搏和呼吸次数少。

4 时：脑部供血量最少。不少人都是在这个钟点死亡，务必小心。

5 时：肾不分泌。人已经历了几个睡眠阶段，此时起床，很快就会精力充沛。

6 时：血压升高，心跳加快。

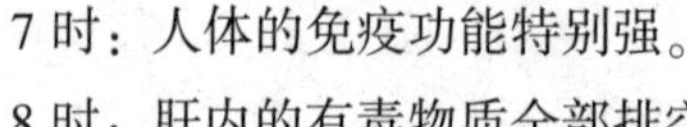

7时：人体的免疫功能特别强。

8时：肝内的有毒物质全部排空，此时绝对不要饮酒。

9时：精神活性提高，心脏开足马力工作。

10时：精力充沛，是最好的工作时间，效率极高。

11时：心脏继续工作，人体不易感到疲劳。

12时：到了人体总动员阶段，此时最好不要马上吃午饭，推迟午饭到13时。

13时：肝脏休息，最佳工作时间即将过去，感到疲劳。

14时：一天中第二个最低点，反应迟钝。

15时：人体器官最为敏感，工作能力逐渐恢复。

16时：血液中糖分增加，但很快就会下降。

17时：工作效率最高，运动员的训练量可以加倍。

18时：痛感下降，希望增加活动量。

19时：血压增高，精神不稳定，任何区区小事都可能引起口角。

20时：体重最重，反应异常迅速。

21时：神经活动正常，记忆力增强，可以记住白天没有记住的东西。

22时：血液中充满了白血球，体温下降。

23时：人体准备休息，继续做恢复细胞的工作。

24时：一昼夜中的最后一个钟点，若在22时就寝，此时该进入梦乡了。

生物钟

怎样保护好我们的大脑

我们都知道，大脑是人的神经中枢，是人体各器官的总控制室，我们的一切活动都是在大脑的支配下进行的。俗话说：“工欲善其事，必先利其

器。”为了使我们的大脑能够经常保持在一个较佳的状态，平时就要注意保护好我们大脑。而要保护好大脑，就需要了解一些养脑保健的常识。

首先，注意用脑卫生。脑神经是传导大脑命令的要脉，它由许多部分构成，每部分各司其职，功能各异。因此，我们在学习过程中，要随时变换用脑的对象与环境。比如，读书觉得疲劳了，可以练字、画画儿；写文章写累了，不妨看看电视，翻翻报纸、画报。这样，通过转移用脑对象，可以使脑神经的各组成部分劳逸均衡，相互调节，轮流休息。

此外，在用脑时还需注意保持端正的姿势。姿势不正会使内脏遭到挤压，以致血脉阻滞不畅，影响大脑的供血与供氧，使人容易感到疲乏。所以，我们平常无论是看书学习，还是坐卧立定，都应该保持端正平直的正确姿势。近视或远视的青少年朋友，还应配戴度数合适的眼镜，不然会使视神经疲劳，使人感到目力不足，并通过视神经传导，导致脑神经受损。平时看书、学习，不宜连续用脑时间过长，最好是用脑 1 小时左右就休息 10 分钟。连续用脑 2 小时以上，会使大脑过度疲劳，从而影响工作效率。

其次，注意饮食。在饮食方面，应选择那些自己喜欢且营养丰富、易于消化的食品。进餐时，要心情愉快，不要边吃边看书、看报、看电视，这样会影响营养的吸收，造成消化、吸收不良。也不要暴饮暴食，这样血液过分集中于胃部参与消化，会使大脑供血不足，导致脑力减退。

此外，生活中的一些不良嗜好也会对大脑产生不良影响，如抽烟、喝酒。烟草中的尼古丁和酒中的酒精会使大脑的反应变得迟钝，还会引起其他多种疾病。所以，要爱惜身体，不要将烟酒作“知己”。平时应注意培养自己高尚、健康的生活情趣：烹茶品茗，聊天放歌，赏花观景，结伴郊游，每天适当地做一些体育运动等等，这不但可以消除疲劳、恢复精力，而且也活跃了生活，陶冶了情操。

最后，为大家介绍几种简单易行的恢复脑力的小方法：

（1）做若干次深呼吸，吐纳要均匀、舒缓，以使缺氧的大脑得到补充。

（2）闭目养神，使大脑处于无念无想的“真空”状态，静坐几分钟后，自会感到精神重振；走到窗前，远眺窗外景色，特别是多看看青绿色的草地、树木，能使您心旷神怡。

（3）做做运动，打打球，或者散散步等等，都有助于消除大脑的疲劳，

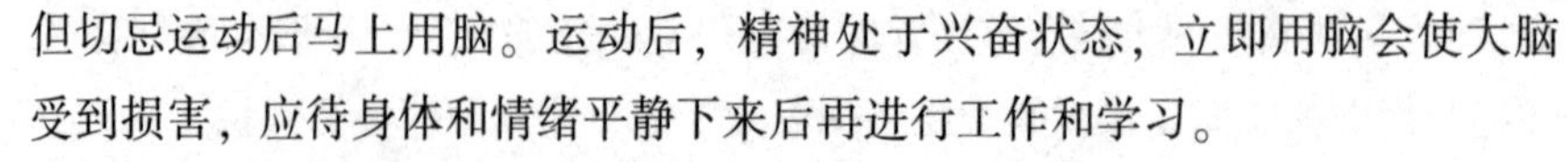

但切忌运动后马上用脑。运动后，精神处于兴奋状态，立即用脑会使大脑受到损害，应待身体和情绪平静下来后再进行工作和学习。

(4) 要注意睡眠。良好充足的睡眠可以消除疲劳，恢复体力和精力，以利于第二天的工作和学习。所以，朋友们一定要保证每天 8 小时的睡眠，熬夜的习惯是不利于大脑健康的。为了使睡眠的质量较高，可以采用改善卧具，调节室内温、湿度等措施。沐浴也是一种消除疲劳的好方法。劳累了一天，洗个痛快澡，那是又爽快又解乏，但一定注意水温要适宜，既不要过热，也不要过凉，以免造成昏厥或感冒。

不同身高体重的秘密

高矮和胖瘦，是人体不同身高和体重的外形表现，正是由于人的高矮胖瘦各不相同，就形成了不等的身材与多变的体型。绝大多数人的身高和体重，有一个正常的范围，医学上规定：成年男子，身高不足 1.45 米，女子不足 1.35 米，都算矮小。若成年之后身高只在 1. 20 米以下，多认为是病态，至于身高多少算高个子，还无明确数值。体重超过多少算胖呢？医学上规定超过标准体重 20% 为胖，低于标准体重 10% 为瘦。

一般在正常范围内变动的高矮胖瘦，与先天因素和环境因素有关，那些极端的例子，多半出于疾病的原因。

家族遗传，是先天因素中的重要一环。父母都高或都矮，子女就取乎于中，成为中等个儿，这是通常规律。胖，有没有遗传性？据说有一定的关系，无怪乎从小培养芭蕾舞等舞蹈演员时，舞蹈教师要看看父母的体型。

营养对人的高矮胖瘦，关系也太密切了，这是环境影响的重要因素之一。饮食人类学家发现，旧石器时代的先祖们茹毛饮血，食肉和生食，身材比我们高大 30% 左右。今天的西方人，仍然喜欢吃带血丝的肉和生菜色拉，身材也仍旧比吃米面和爱烹调的亚洲人“大一号”。特别是阿尔卑斯山以北的日耳曼民族，分布在德国、荷兰和北欧等地，冬天长，睡眠久，喝鲜奶，食生肉，男人平均身高 1.8 米以上。其中，荷兰人又酷爱鲜奶和乳制品，人均身高为世界之最。体重与饮食更为明显，有人估计，一个孩子，只要每天多吃 50 千卡（1 千卡约合 4. 18 千焦）的热量，每年可以额外增加体重 0. 9 ~2. 3 千克。当这个孩子长到 20 岁，就能额外增重 45. 4 千克。要是人已成年，同样每天多吃 50 千卡的热量，10 年之后，能增重 23 千克，足见饮食对身高、体重的影响作用之大。

另一个环境因素就是体育锻炼，对一个正在长身体的孩子来说，坚持体育运动，身长比不锻炼的同龄人，要高三四厘米至七八厘米不等；体重，也会增多三四千克至五六千克。如果原来就肥胖，积极从事长跑或游泳等运动项目，反而能产生减肥效果，几个月以后能减重若干千克。疾病能使人消瘦，尤其是发烧、慢性消耗性病症，以及代谢异常、不能进食等。相反，有些疾病，也能使人增肥，如肥胖性生殖无能症（下丘脑病变），脑垂体肿瘤，肾上腺皮质机能亢进症，甲状腺机能减退，以及性腺机能减退，都会使人的体重异乎寻常地增加。

有些病，还能使身高有所改变。

例如，使人不长个子的“侏儒症”，其原因有多种，有的脑垂体有病，有的骨头不长。有的甲状腺机能减退形成“呆小症”。还有一些小孩得了血吸虫病等，这些小孩的身高和同年龄、同性别、同种族的相比，矮 30% 以上。

相反，有的病可使人个子猛长，如“巨人症”，其病人身高超过 2 米，最高的可至 2. 5 米。这种病的根源在脑垂体，产生了大量的生长激素，生长激素使人个子猛长。

对于疾病因素引起的身高体重变化，要赶紧去看医生，及早查清病因，及早治疗。

刚刚醒来时为什么浑身没有力气

很多人都有过这样的经验，在刚刚睡醒之后，浑身发软、没有力气。

众所周知，神经系统是全身的司令部。一切人体的生理活动，都直接或间接地受神经中枢来调节，不论是呼吸、心跳、循环或是肌肉活动等，最后都是由神经中枢来支配的。

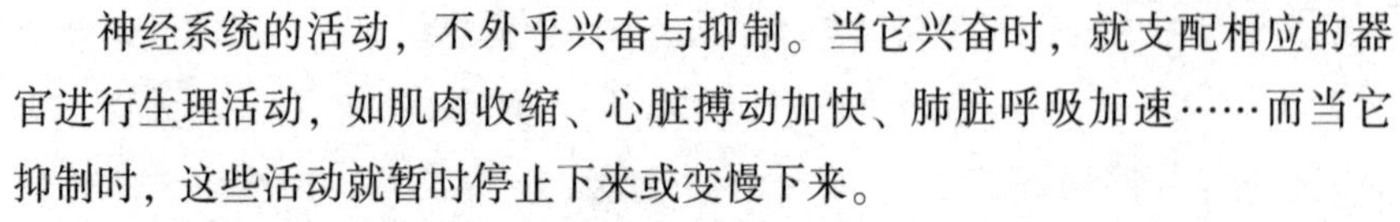

神经系统的活动，不外乎兴奋与抑制。当它兴奋时，就支配相应的器官进行生理活动，如肌肉收缩、心脏搏动加快、肺脏呼吸加速……而当它抑制时，这些活动就暂时停止下来或变慢下来。

人在清醒的时候，神经系统各个部位的中枢，有规律、有分工地进行活动（兴奋），指挥身体进行必要的工作。

但是，神经中枢不能一直兴奋，它也需要休息，也就是抑制。当大脑绝大部分中枢进入抑制状态时，人就进入睡眠阶段。

人在刚醒过来时，大脑就开始进入兴奋状态，但是，大脑的这一转变过程并不是很迅速的。在一般情况下，它需要一个过渡时期，由抑制状态转入兴奋状态。在睡眠时，所有的肌肉基本上都处于松弛状态，这就像一列火车静止在那里等待出发，随着神经系统逐步进入兴奋状态，火车先“呜呜——”一声鸣笛，表明火车将要加速运行了，如果没有特殊情况，这种转变由少到多，肌肉张力将逐步恢复到全身的主要肌肉。

只有到肌肉完全恢复到原来的张力，体内各个系统器官，也都进入相应的工作状态，人才能去除发软无力的感觉。因此，在刚睡醒时，不宜马上从事活动量过大的工作，除非在紧急情况下，应当使身体逐渐地进入工作状态。

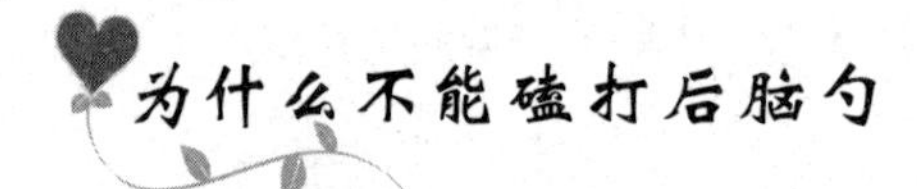

为什么不能磕打后脑勺

平时我们常听老人说，打什么地方都不能打后脑勺。这是为什么呢？因为在我们的后脑勺有着全身最重要的“生命中枢”。

大家都知道，神经系统是人体的司令部，它指挥着全身各系统、各器官的生理活动，脑子是神经系统的高级中枢部位，位于颅腔内，整个颅腔几乎被大脑占去一大半；接着是脑干（包括间脑、中脑、桥脑和延脑），还有小脑。

延脑又叫延髓，它处在颅腔内脑的末端，下方与脊柱内的脊髓相交界。这部分神经组织虽然体积不大，但是位于这里有一些极为重要的神经中枢，这些中枢包括循环（心脏和血管）、呼吸中枢。

我们都知道，呼吸和循环是人体中最基本、也是最重要的生命活动，它供给各器官各组织血液、营养、氧气，运出二氧化碳和代谢废物，人体每时每刻也不能缺少它们。但是，呼吸和血液循环根本用不着我们每天去操心，它是些高度自动化的生理过程，甚至当你夜间熟睡，进入梦乡时，这些活动仍然照常进行。这些都是由于有延髓中的心脏、血管、呼吸等中枢进行照管的结果。一旦这些中枢出了毛病，人体生命也随之结束。因此，延髓又称为“生命中枢”。

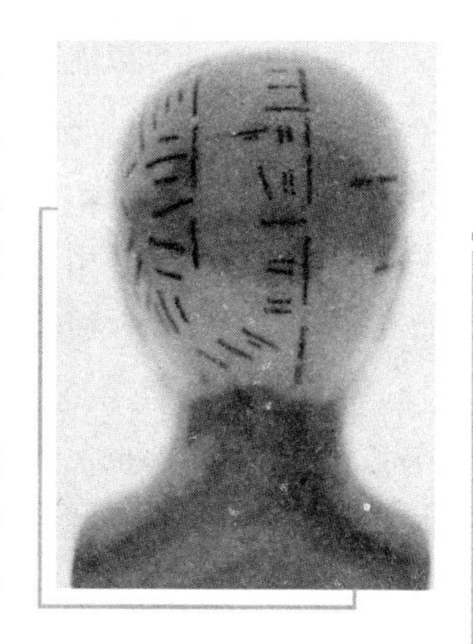

后脑勺

延髓所处的部位，正好在脊柱颈椎上端、后脑勺的部位，所以这里是经不起拍打、撞头的，用力击打这一部位，有可能造成“生命中枢”的损伤。因此，必须很好地注意保护这个部位，以免发生不测。

眉毛为什么长得短

每个人都有眉毛，常见的眉毛有浓眉、三角眉、锁眉、弯月眉和线眉。眉毛有什么作用呢？

我们知道，眉毛的多少，每个人都不一样，少的有几百根，多的超过一千根。通常，眉毛在眼睛上面形成一道天然屏障。刮风时，它可以阻挡灰尘；下雨时，雨水一般不会流进眼里，而是停留在眉毛和隆起的眉骨上。夏天，尽管人们额头大汗淋漓，可是汗珠却很少流进眼里。这也是眉毛的功劳，汗水和雨水会从眉毛两旁或眉梢滚下去，不会直接流到眼里。眉毛和头发一样，都是从皮肤里长出来的。然而，头发可以长得很长，而眉毛却永远长不长，这是为什么呢？

眉毛和头发统称毛发，它们都扎根于皮肤下的毛囊。毛囊底部的细胞不断地分裂、死亡，死去的细胞被挤出体外，这就是毛发。

眉毛和头发长在人体不同部位，所以它们的生长周期大不一样。通常，

人的每根头发，可以连续生长 2～6 年，有的甚至可长 25 年，然后停止生长。3～4 个月后这根头发就脱落，如果这根头发每天长 0.3 毫米，那么 6 年就可以长到 66 厘米。而眉毛每天长 0.16 毫米，生长周期只有 2 个月左右，一旦停止生长，用不了几天就脱落了，因而，眉毛总长不长。

心理学家认为，眉毛可以反映一个人的性格特征，特别是一个女人的性格。粗粗的浓眉毛是意志坚强的表现；细细的弯月眉，性格比较温和；眉长的女子处事谨慎，眉短的女子感情丰富；眉梢向上的人大多比较泼辣，眉梢向下的则比较忧郁；两眉间狭窄的人际关系比较好，两眉间较宽的个性外露。

现在，有些人为了容貌美，把眉毛当做一种美化容貌的饰品，所以不惜拔掉眉毛。殊不知，拔眉毛是一种恶性刺激，经常抽拉眼皮还容易出现皱纹，甚至使毛囊发炎。

眉毛能反映性格，从某种角度看，也许是有一定道理的。但是一个人的性格是遗传、后天教育和环境影响的综合产物，所以单凭眉毛判断认得性格，未免有些偏颇，所以也就不妥当了。

人的身高为什么会在衰老后缩减

下面有一组调查数据：

在广东，45～59 岁的男子平均身高是 169.9 厘米。但 90 岁以上的老人平均只有 151.1 厘米。还有人对 94 名妇女做了研究，发现她们在绝经前后的变化很大，大约有 56.4% 的人身高降低了 1.5～15 厘米。

树木长高了以后，不会有矮缩，可是人老了以后，个子为什么会变矮呢?

要知道，一个人的身高，主要是由身体的骨骼如脊柱和下肢骨的长度，以及骨关节的软组织长度决定的，脊柱是人体的“大梁”，是由一块块脊椎骨像积木似的叠起来。椎骨和椎骨之间有弹性很好的椎间盘，我们走路、蹦跳时不会感到脑子在震荡，就是靠这些“弹簧”抵消了震动。

光阴似箭，人会一天一天地变老，满脸的皱纹以及花白的头发且不说，

人体内的各种功能也会逐渐地减退。其中骨质疏松——骨骼衰老的一种表现，也悄悄地出现了。有人认为，女子在30岁以后，男子在45～50岁后，骨质开始疏松，在骨质疏松方面，白种人比黄种人明显，而黄种人又比黑种人明显，瘦弱的妇女又较肥胖的妇女显著。在身体重力的作用下，疏松的骨组织因为被压缩而逐渐变短，这一变化在脊柱中最为明显。老年人的脊椎骨会萎缩，椎间盘也逐渐退化了，于是，人的身高便缩减了。再加上老年人由于长时间的劳累或胃病、颈椎病等慢性疾病，会使脊柱出现异常弯曲，这也会使人的个子变矮。

白头发是如何出现的

白发苍苍，是老年人的显著标志。那么，为什么头发会因为年老而改变它的色泽呢？其原因就在于头发中的色素在发生变化。

我们可以在显微镜下观察到，头发的中心是一些方形的细胞，环绕在这些方形细胞周围的，是些形状像纺锤的角质细胞群，在它们的体内，含有众多的黑色素颗粒，你看到的各色头发，即源于此。头发的最外层，是通体透明的角质细胞，它们成覆瓦状排列，这不过起外套的作用而已。

头发内所含的黑色素，是带色的颗粒。它们由黑色素细胞吸取一种名叫“酪氨酸”的蛋白质，经过酪氨酸酶的化学作用，变化成为褐黑色的粒子，头发内因这种色素的多寡和分布不同，形成不同的颜色。

当人年龄大了以后，全身的机能日趋衰退了。黑色素生成的功能也不例外，据研究，老年人体内的酪氨酸酶，虽然还照常出现，但它的活力已经低下，不能旺盛地生产黑色素。此外，制造黑色素的黑色素细胞也减少了，所以黑色素颗粒日渐消失，乌黑的头发，成为灰色的一片，如果等到黑色素完全消失，或者在满含黑色素的那些细胞体内钻进来一些空泡，那么，头发就整个变白，连灰色也销声匿迹，荡然无存了。

白头发

其实，灰发的出现，老人很常见，有些青少年也有，这与遗传有关。一般地说，人体的头发先是两鬓斑白，然后上延及顶，再是胡子，最后蔓延至身体的其他部位。

不过，近年来也有人认为头发的色泽与所含的微量元素的种类有关。比如，乌黑的头发中，可能除黑色素之外，还有铁和铜；金黄色的头发中，含有钛；赤褐色的头发，是因为含钼太多；还有，红棕色的头发含铜和钴，如果含铜过多，头发将会成为绿色，镍太多使头发变得灰白。当然，以上都是说明发色与所含元素的关系，这只是不同人种有不同发色的原因。

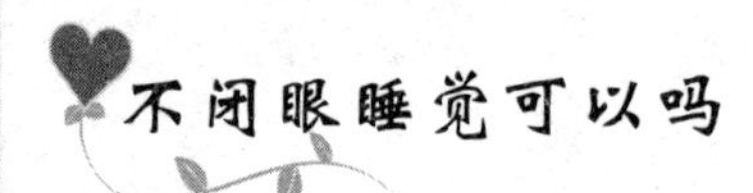

不闭眼睡觉可以吗

我们都知道，人在睡觉的时候总是闭上眼睛的。不闭上眼人就睡不着，这是为什么呢？

我们先从睡眠的生理过程说起。

大脑是全身的主宰，人体的所有活动，都由大脑来指挥。大脑对人的支配，可分为两种：一种是由人的意识来支配，也就是随意活动，比如走路、打球、吃饭、散步等这一类生活上的活动，都是由人的意志支配，随意进行控制；还有一类是不由人的意志来管理的，比如人的心跳、呼吸，还有肠胃的消化……像这类活动，人的意志是不能随意进行调节的。

人体的生理活动各种各样，如肌肉收缩，腺体分泌，眼睛视物，耳朵听音，皮肤感觉等，这些活动都是由神经系统来管理的，那么神经系统是怎样管理这些生理活动的呢？

说起来也不复杂，神经细胞的活动不外乎两种过程，一种叫做兴奋，一种为抑制。兴奋过程就是指挥身体内各个器官、系统、组织进行生理活动的过程，而抑制过程则相反，是休息的过程。

兴奋和抑制这两个过程，总是互相协调的，一旦发生失调，就会产生病态。神经系统是一个高度自动化的调节系统。它总是根据分布在全身的各个角落里神经末梢传来的信息，进行分析、综合并从而作出判断，发出号令，以达到产生有利于人体的必要的生理活动。比如，一块很烫的金属，当你用手去拿时，手上司管温度感觉的神经末梢接受了刺激，通过传入神经，传到神经中枢，中枢立即判断出这是一个有害的刺激，所以马上发出命令，通过传出神经，传到手上的感受器，使手上的肌肉马上收缩，手就缩了回来。

整个人体的神经系统，就是依靠各种神经末梢接受的刺激，把外界的各种信号比如温度、光、声、味、嗅、触等传入中枢，使神经中枢达到一定的兴奋，以维持正常的生理活动。

大脑必须有一定的休息，它不能无休止地进行工作。就像机器一样，工作的时间长了，如果不让它休息就很快地被损坏。大脑的休息有两种方式，一种是轮班休息，即某一部位处在兴奋状态，其他部位进入抑制状态，也即休息状态；另一种休息为全面的休息，即轮班休息还达不到休息的效果，只有全面地进行抑制，这种全面的休息就是睡眠。

很明显，为了使大脑进入这种睡眠状态，就必须尽量减少这里的兴奋性，也就是，肌肉要放松，以减少来自那里的压力传受器传来的刺激；环境要安静，以减少从声音感受器传来的刺激；上眼皮放松，使眼睑半闭，以达到切断由视神经末梢传入光刺激的一种必要的生理活动。如果不闭上眼睛，则光线的信号在眼球里总会引起一定的兴奋，从而在大脑相应的中枢产生兴奋性，使人不能入睡。

到了大脑进入睡眠状态，也就是全部抑制状态以后，由于绝大多数中枢不再产生兴奋活动，眼皮的肌肉也会松弛了，于是眼皮就处在闭合状态。当然，也有极少数人，由于眼睑肌肉较特殊，睡眠时眼睑没有完全闭拢，留下一条窄缝，好像睁着眼似的，但由于大部分眼皮已经关闭，眼球再不接受光刺激了，所以并不影响睡眠的进行。

用右耳听东西记得更牢

美国夏威夷大学的科学家做了一次实验后发现，人们用右耳听东西比用左耳记得牢。

科学家们把试验者分成几个不同的年龄组，试验开始时，科学家说出一系列的数字，让他们左右耳轮换听，随后再让他们尽量多地回忆所听的

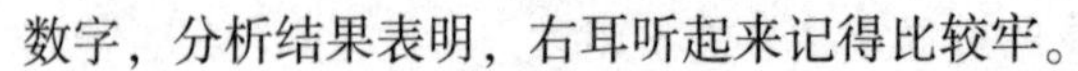

数字，分析结果表明，右耳听起来记得比较牢。

这是为什么呢？科学家们解释说，听觉神经和大脑之间的联系是这样的，用左耳听到的信息进入大脑右半部，用右耳听到的信息进入大脑左半部，随着年龄的增长，一般地说，人的大脑左半部比右半部的记忆力好，所以右耳听东西记得牢。

为什么不要轻易打人耳光

打耳光，是人们泄愤的一种方式。有的父母常常因为孩子不听话，或者学习成绩不佳，以打耳光来教训。殊不知，打耳光很可能造成不可挽回的损伤，有时甚至留下终生的遗憾。

我们知道，耳朵是人体重要的听觉和平衡器官，其结构精细而薄弱。它由外耳、中耳和内耳三部分组成，外耳和中耳之间有一层很薄的膜样组织，叫做鼓膜。中耳是一个很小的含气腔，内有三块听小骨，依次叫锤骨、砧骨和镫骨，连接它们的极弱韧带叫听骨链。内耳外壁有两个小窗，分别叫圆窗和卵圆窗，两窗上各有一层薄膜，内耳主要是由三个半规管和前庭耳蜗所组成，中间是一个很细的管状组织，内有外淋巴液和内淋巴液循环，是听觉和平衡的感受器所在。

听觉的形成是由外界的声波经外耳道鼓膜的三块听小骨传到卵圆窗，引起淋巴液流动，刺激听觉感受器产生生物电传到大脑皮层，从而使人产生听觉。因为鼓膜的面积比卵圆窗的面积大 17 倍，加之听小骨的杠杆作用，经过试验发现声波从外耳传到内耳，其能量增加到了 39.7 倍。

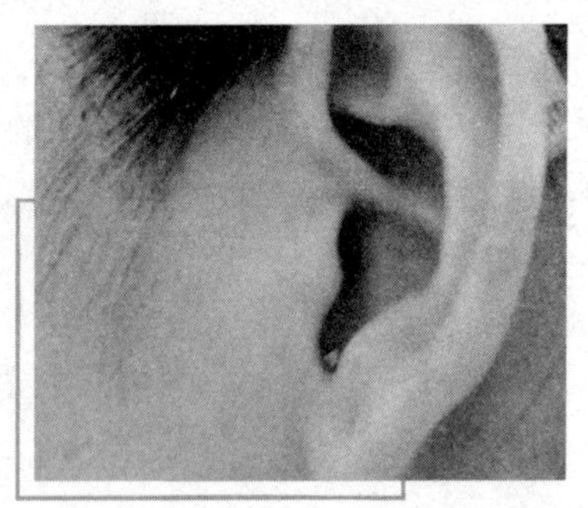

耳　朵

打耳光的强大震荡经外耳道，鼓膜传入内耳，其声波扩大后使人产生难以忍受的强度，故可能会造成一系列的损伤，根据力量的大小导致由外到内分别造成鼓膜穿孔、听骨链中断、圆窗或卵圆窗破裂、淋巴液外流、内耳震荡等一系列损伤，其中鼓膜破裂以及听骨链中断可造成传导性耳聋，而其他部位受损可造成神经性耳聋、耳鸣、眩晕等疾病，如治疗不及时的话，可造成终身残疾。

练举重会把人压矮吗

有些身体细长瘦弱的青少年，希望自己能变得粗壮有力，结实一些，想练举重，但又担心举重会把人压矮，使人往横里长，不长个儿。其实，这种担心是没必要的。

有人曾在初二的部分同学中进行过试验。在一个班的 30 名男生中，挑选了 16 名身高、体重、出生年月相同的少年，根据他们的志愿，分别成立了举重组和对照组，每组 8 个人。举重组在每周两次体育课的基础上，再进行 3 次课外举重练习，而对照组和其他的同学一样，每周只进行两次体育课，一次课外活动。

经过一年的锻炼以后，对举重组的同学进行全面身体检查，他们内脏器官功能良好，心肺、骨骼系统发育正常，身高比对照组平均要高出 10 厘米，体重也增加了 11.5 千克。

有的举重运动员之所以矮，并不是因为练举重而致个子矮，而是因为矮个子有利于提高成绩，所以在选运动员时就把个子矮作为条件之一。人的力量来源于肌肉的收缩，肌肉收缩的力量与其生理的横断面成正比。人体越粗壮，肌肉生理横断面就越大，力量也就越大。所以在同一级别，个子矮的运动员比高个运动员更有利。

一个人的高矮主要决定于人的四肢骨骼和脊柱骨。骨骼两端有一种管骨骼生长的东西叫骨骺。骨骺里的软骨细胞不断增生新的细胞，而原有的细胞不断地摄取钙质而变硬。因此，骨的长度不断增长，人也就长高了。

练举重是一种发展力量素质为主的运动项目，它能使人肌肉发达，体力充沛，线条优美。特别是对细高挑体型的青少年的生长发育更有好处。举重不仅能增长力量，而且还能提高人的灵敏性。因为举重是在一瞬间内完成的，这就要求身体各部分在这一瞬间配合得恰到好处。

当然，练习时要量力而行，循序渐进，还要和其他的锻炼结合起来。

腰围与寿命的关系

瑞典专家监测了 855 名男人，追踪观察了 20 年之久，此外也监测了 1462 名妇女，追踪观察了 12 年之久。经过分析后，他们发现体形不同者，其面临死亡的危险性各异。例如，50 岁的男子中，体瘦而肚皮大者，在 70 岁以前 29% 有死亡的危险；而体胖腰细者，只有 5% 可能性。若一个男人用裤带而难于使其裤子保持稳妥的话，其腰围与臀部同样大，属于最危险的范畴。

从体形预测健康状态的方法，也适用于女性。对女性来说，理想的健康体形是胸部、臀部、肩部和大腿较大，而腰部则细。

研究表明，这种“大体型”的妇女，在 38 与 60 岁之间，发生健康问题的可能性较少。

在 12 年的观察期间内，有这类体形的 100 名妇女中只有 1 人死亡。相反，体瘦而腰粗的妇女，其死亡可能性大 7 倍。

不过，腰对臀的比例测定健康情况的尺度，对妇女不太一样。因为女性骨盆尺寸不同。例如，38 岁的妇女若其腰围为臀部 76%，就属于危险的范围之内。若臀部为 97.4 厘米，而腰部在 66.7 厘米以下，纵使体重过胖，危险性较小；但若其腰部在 77 厘米以上，危险性就较大。

单眼皮与双眼皮的秘密

在生活中有的人是单眼皮，而有的人则是双眼皮，还有少数人的眼皮是一单一双。那么，为什么会出现单眼皮和双眼皮之分呢？单眼皮和双眼皮在生理功能上有没有区别？

眼皮在解剖学上称眼睑，上眼睑内有一条负责睁眼的肌肉称为上提睑肌，还有一条帮助睁眼的肌肉称为苗勤氏肌。眼皮的单双主要取决于眼皮内肌肉纤维的附着部位，如果肌肉纤维有一部分附着在眼睑前下方的皮肤内侧，睁眼时就将附着部位的皮肤提起，提起的皮肤只有几毫米，恰好在眼睑近边缘处形成皮肤重叠，成了双眼皮。如果肌肉纤维只附着在眼睑内的睑板腺上缘，睁眼时，肌肉纤维与皮肤无关，就不能形成双眼皮了。

眼睑的主要功能就是保护眼球，使角膜保持湿润状态。多数眼科专家认为，单眼皮与双眼皮只是美容方面有所不同，而生理功能没有明显区别。但也有的认为，某些单眼皮是提上睑肌发育不良造成的。发育不良的肌纤维不能附着于眼睑的皮肤，还会引起眼眶内脂肪组织脱垂到眼皮内，使眼皮显得臃肿肥厚、患者也觉得睁眼费力。这种肥厚的单眼皮在人到中年后，眼皮变得松弛下坠，明显影响睁眼视物。因此，由于提上睑肌发育不良造成的单眼皮应该做双眼皮手术，去除眼睑内过多的脂肪组织。若为了美容而做双眼皮手术，对眼的生理功能也没什么影响，但美容效果未必理想。

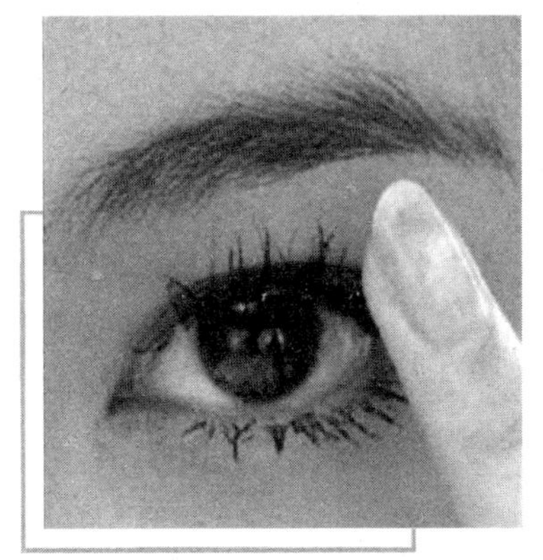

眼　睑

体温与精神状态的关系

清早起来，有的人觉得大脑清醒，浑身是劲；可有的人却是懒洋洋的，精神呆滞，工作提不起精神。

美国一些心理学专家最新研究发现，每个人的状态与体温高低密切相关。也就是说，如果你希望工作起来有劲，就应该选择自已体温上升的时候，善于利用自己身体的最佳状态。

美国芝加哥大学的卢尼狄教授研究发现，一般人大致分为三类：第一类人，早上醒来后，体温会比平时高，所以上午 9 ~ 12 点，是他们工作的最佳状态；第二类人则是在下午 2 ~ 6 点才觉得精神奕奕；而第三类人的黄金时间却在晚上 10 ~ 12 点。

卢尼狄教授说，如果想找出自己的最佳状态时间，可每小时测量一下自己的体温，哪怕是只上升了1/5摄氏度，也不容忽视。如果体温连续几小时都保持在一个较高温度上，这就可能是身体的最佳状态。应该会利用这一段黄金时间，发挥自己的潜能，加紧工作。

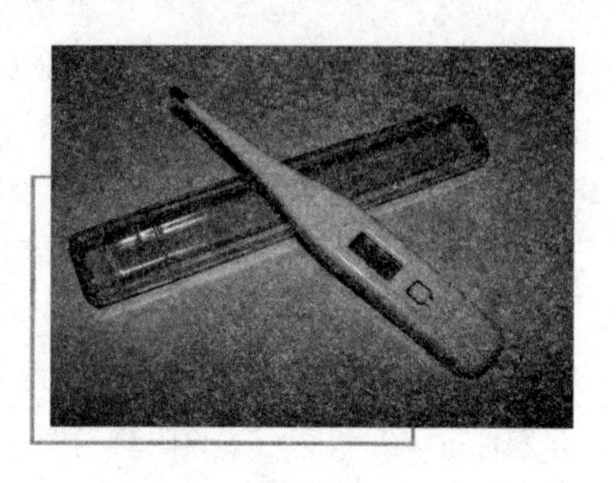

体温计

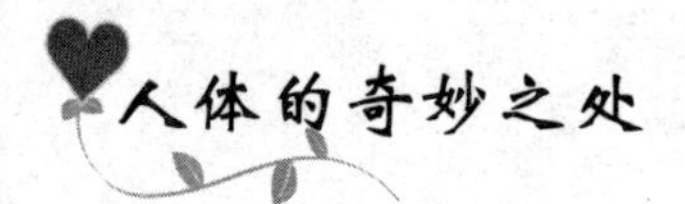

人体的奇妙之处

在人体中，存在着一些奇妙的地方，不信的话，请看：

(1) 男人比女人平均长得高。这并不是因为男人的活动量和食量比女人大，而是因为男人的雄性激素对骨骼的抑制作用比较小。人到了青春期后，随着性激素的不断增加，骨头的生长速度就不断减慢，所以男人就占了这一优势，个子比女人的高，就全靠雄性激素的帮忙。

(2) 一天之中，人体的高度是早晨高于晚上。人的两根骨头之间有一层软骨，当人夜里躺在床上时，关节之间松动，软骨层会吸收较多的液体而增厚，经过一天的活动，关节间由于一直受到重力的压迫而收缩减薄，身高也就降低了。一般来说，晚上比早上要矮1~2厘米，如果是干重活，走长路，常会缩短2~3厘米，长期卧病在床的人，在他们刚刚开始下床站立时，会发现自己的个子长高了。

(3) 假如你请一位男子与一位女子同时将手臂向下拉直，你可以发现，女人的手臂在肘部略朝里弯，而男人的手臂肘部较直。这是因为，女人的骨盆较宽，手臂的外偏角生得较大才能方便地跨过骨盆。

(4) 长期饥饿的人，眼睛显得凹下去了。这并不是由于颧骨凸出的结果，而是由于眼球后面的脂肪率先消耗了。

(5) 人体血液中的红细胞在工作时，新的细胞不断产生，老的细胞不断衰亡，这种新陈代谢的速度你是很难想象得到的——它以每秒钟250万个细胞的速度进行着。

健康篇

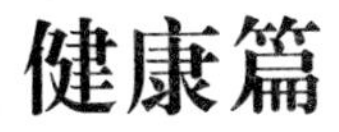

怎样预防“电脑症候群”

随着电脑的普及，人们对于电脑带来的众多好处已经不陌生。与之相反的是，电脑给人们带来的危害却还不为众人所熟悉。比如“电脑症候群”，很多人一定还不熟悉这个名字，那么，接下来就和大家一起看看“电脑症候群”指的究竟是什么。

1998年香港物理治疗学会调查了4所中学共290名学生使用电脑的情况，结果发现有41名视觉疲劳和112名骨骼肌肉系统疼痛症，包括腰背痛、颈肌疲劳或劳损、肩痛、腱鞘炎或下肢疼痛等。另有调查表明，电脑操作者易出现疲劳、口干唇裂、脸部皮肤生疙瘩。使用电脑时间较长会出现头痛、头晕、鼻塞、眼肿、视力降低、记忆力减退等症状。学者们将这一系列与电脑有关的症状，叫做“电脑症候群”。

对孩子来说，设备不配套、设置不合理、操作不规范、姿势不正确是诱发此症状的主要原因。调查发现，学校装置的电脑桌椅及摆放电脑的角度不当，导致65%被访中学生出现肌肉系统疼痛及眼睛疲劳；30%受访学生认为学校的电脑桌太窄，桌子的高度也不合适，以致使他们腰背痛或下肢疼痛；没有预先调好电脑屏幕的角度及桌椅位置、光线不适宜、操作时间过长等，是造成眼症状的主因。

此外，电脑及电子设备在工作时会出现一种电子雾，即电磁辐射。若人们较长时间处于电子雾环境中，又忽视必要的保健措施，就会引发身体的头痛、头晕、鼻塞、眼肿、视力降低、记忆力减退等症状。

面对电脑带来的种种不利，我们应如何预防呢？

第一，应根据孩子的身高和四肢比例，计算出最适合他们的电脑桌椅尺寸，令操作电脑时可保持最舒服的姿势。有些家长购得电脑，却又不愿定做相配套的微机台椅，将电脑放在普通书桌上，椅子不能旋转升降。市面上现在的电脑桌椅主要供成人用，学校不宜统一购买，而应根据学生身高来制定尺寸不同的电脑桌椅，以适应不同身材的需要。

第二，坐姿应舒适、正确。通常应将电脑显示屏中心位置安置在与操作者胸部同一水平线上，眼睛与屏幕的距离应在 40 ~ 50 厘米之间，最好使用可以调整高低的椅子，以便坐姿舒服。双手应能自然地放在键盘上，鼠标垫不宜过近或过远，以右肘弯曲 100 ~ 120 度为宜。

第三，注意休息。成人电脑操作每连续工作 1 小时应休息 10 ~ 15 分钟，而儿童每次连续操作超过半小时，就应休息 10 ~ 15 分钟，然后再操作 20 分钟，一天内最好不超过 2 次。

第四，保护眼睛。电脑操作过程中，应经常眨眼睛，也可以闭上眼睛休息一会儿，使敏感的角膜重新润滑，以调节和改善视力；多吃含有维生素 A 的食物。电脑操作者在荧光屏幕前工作时间过长，视网膜上很多圆柱细胞的视紫质会被消耗掉，而视紫质主要由维生素 A 合成。因此，电脑操作者应多吃胡萝卜、白菜、豆芽、豆腐、红枣、橘子以及牛奶、鸡蛋、动物肝脏、瘦肉等食物，以补充人体内的维生素 A 和蛋白质。

第五，保护皮肤。经常保持脸部和手的皮肤清洁。电脑荧光屏表面存在大量静电荷，其集聚的灰尘可借助光束的传递射到操作者的脸和手等裸露处，如果平时不注意清洗，时间较长就会产生难看的斑疹，严重者甚至会引起皮肤病变。因此，在操作完毕，应及时洗脸洗手，使皮肤保持清洁。

电脑症候群

如何不让电视影响你的健康

看电视不仅可以使我们获得各种信息和知识，还可以丰富生活内容、增加生活趣味。但是长时间地坐在电视机前却影响身体健康，诱发多种疾病，如失眠、记忆力下降、头晕、眼花、注意力不集中等。因此，我们在看电视的时候一定要注意下面几个问题：

（1）看电视时间不要太长。长时间看电视会使我们运动量相对减少，正处在长身体重要阶段的我们会因为骨头得不到刺激而影响到身高。另外，长时间看电视还会影响到睡眠，睡眠不足必然会影响正常的生理机能，从而影响健康。况且，人的精力和时间都是有限的，看电视的时间长了，学习的时间必然会相对减少，且精神也会不好。

（2）慎重选择电视的内容，电视节目总有一些色情、暴力、欺诈、消极等内容掺杂其中，青少年又是模仿能力很强，但分辨能力较弱的群体，如果总是看这些不健康的节目，必然会影响身心健康。因此，青少年要有选择地看适合自己年龄段的节目，例如教育频道和少儿频道；也可以在家长或者老师的指导下，看一些内容积极向上的节目。

（3）养成良好的看电视习惯。看电视时要注意坐姿端正，而不要平躺、曲颈弯背或者趴在桌子上，因为不正确的姿势会引起颈部软组织劳损和颈椎综合症。此外，看电视时也不要太靠近电视机，而要选择一个适当的距离，以免对视力不利。最后，要提醒大家的是，不要边吃饭边看电视，或者为了看电视狼吞虎咽，这样会影响消化，并且还可能诱发肠胃疾病。

得了假性近视怎么办

假性近视眼是由于眼球调节长期紧张而引起的一种近视。青少年眼睛晶状体的弹性较大，调节范围很广，近点距离读写时，在眼睛与书本距离为 7 厘米甚至 5 厘米的情况下，使用最高调节还能看清书本上的字。如果习

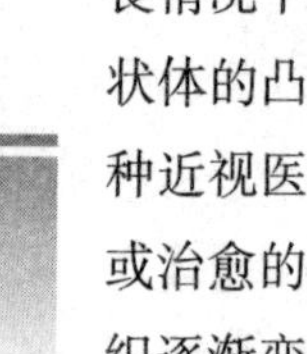

惯于这种近距离的读书写字，或连续看书时间过久，或在采光照明条件不良情况下看书，都会使眼睛经常处在高度紧张的调节状态，时日长后，晶状体的凸度便增大，屈光力过强，使远处物体的影像落在视网膜前面，这种近视医学上称为“假性近视”。这种近视，如果能及早矫治，是可以改善或治愈的。若治疗不及时或仍不注意保护视力，时间一长，使眼球外层组织逐渐变化，眼轴变长，便形成真性近视眼。

真、假性近视眼从症状上看没有什么区别，都有看近物清楚看远物不清楚，或看近物过久后有眼胀、眼痛、看字串行等视力疲劳现象，因而不易鉴别。只有用“散瞳法”和“云雾法”才能鉴别近视的真、假性。“散瞳法”是用0.5%～1%阿托品溶液点眼，使眼调节神经麻痹，睫状肌放松；“云雾法”是戴上+2.0～+3.0球镜片，使患者看远处如云雾状。这样可缓解睫状肌的紧张状态。若应用上述两种方法后，视力较前增进，就可确诊为假性近视。

得了假性近视先不要急于配戴眼镜。可用“云雾法”、“远望法”、眼药水、眼保健操等治疗。“云雾法”不仅能检查出假性近视，同时亦能起很好的治疗作用。方法是戴上+2.0～+3.0球镜片进行远眺或户外活动，持续时间要达半小时至1小时，每6天为一疗程，可连续做2～3个疗程。“远望法”简单易行：双眼向5米以外远处眺望，每日3～4次，每次数分钟到10分钟。

假性近视是可以预防的。青少年读书写字姿势要端正；眼与书本要距离30厘米；连续看书写字半小时后要休息片刻；要经常做眼保健操。不要躺着看书；不要在弱光或直射阳光下看书写字；不要在走路或乘车时看书；不要写过小的字或看印刷不清楚的书报；不要长时间看电视。

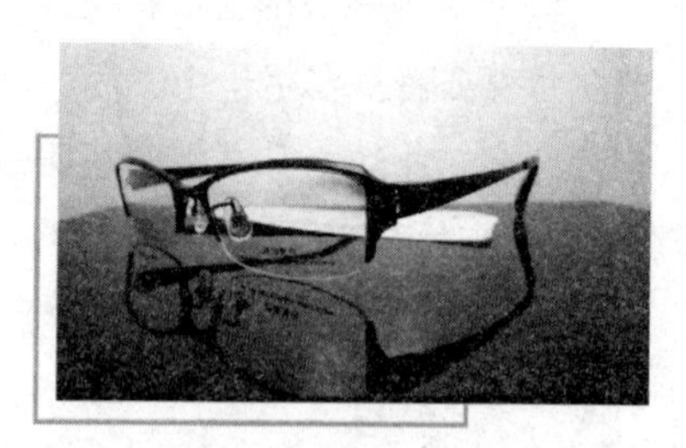

近　视

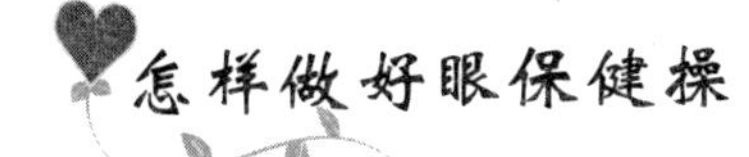

怎样做好眼保健操

为解除眼疲劳，预防近视眼，请你坚持做眼保健操。其方法如下：

第一节——揉天应穴。以左右大拇指指纹面按左右眉头下面的上眶角处，其他四指散开如弓状支持在前额上，按揉面不要大，节拍 8 次，每次 8 秒。

第二节——挤按睛明穴。以左手或右手大拇指与食指挤按鼻根，先向下按，然后向上挤，一挤一按为一拍，节拍 8 次，每次 8 秒。

第三节——按揉四白穴。先以左右食指与中指并拢，放在紧靠鼻翼两侧，大拇指支持在下颔骨凹陷处，然后放下中指，用食指在面颊中央部按揉，节拍 8 次，每次 8 秒。

第四节——按太阳穴，轮刮眼眶。以左右大拇指，指纹面按住左右太阳穴，以左右食指按第二节内侧面轮刮眼眶上下圈，先上后下。上侧从眉头开始到眉梢为止，下侧从内眼角起至外眼角止，轮刮上、下一圈计 4 拍，节拍 8 次，每次 8 秒。

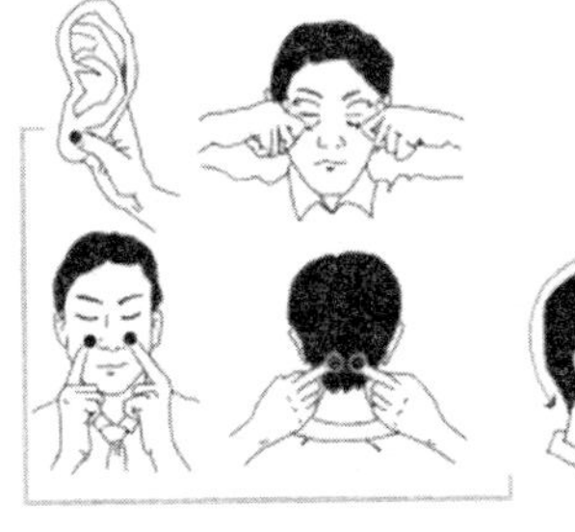

眼保健操

以上四节共需 4 分钟 16 秒。在操作时要闭着眼睛做，自己默念节拍，每天做两次，要坚持。如面部有疖疮，眼睛有炎症时，可以暂停操作，待治愈后再做。注意要经常修剪指甲，并保持两手清洁。

低头伏案者的自我保健法

青少年不管是在课堂上学习，还是在家中复习，都难免要长期伏案。据统计，颈肩部疼痛者，大约有 60% 是长期伏案工作、学习的脑力劳动者。由于长期的伏案，姿势固定，造成血循环受阻，经络不通，以致颈椎病、肩周炎、腰肌劳损、腰韧带劳损、腰椎骨质增生、下肢静脉曲张等疾病时有发生。有的还可出现头痛、头昏、眩晕、眼花、上肢麻木和视力减退的低头综合征。因此，必须加强自我保健。

首先，在不影响工作的前提下，选择舒适的座椅，每伏案工作1小时进行10分钟的转头、转肩、耸肩运动。

转头运动：平坐、头部肌肉放松，向前低头，慢慢转向左肩，回到前中部，然后再转向右肩，重复做8~10次，可改善头晕脑胀状态。

转肩运动：坐或站，双肩下垂，双肩使劲地向后转动10次左右，稍停，再向前转动10次，每天做2~3遍，有热身、松弛全身肌肉、缓解紧张和疲劳作用。

耸肩运动：平坐，尽力向上耸起双肩，吸气，屏住，默数至6，然后呼气放松，双肩自然落下。重复做5~6次，可使颈、肩部肌肉放松，缓解疲劳酸痛。

其次，按摩。用双手或一手指的指肚按摩太阳穴，由轻到重，使局部出现酸胀感。然后两手指指肚自耳朵上方到风池穴之间来回慢慢地揉3~4分钟，在颈背部的，酸痛点处，用手指以中等力量按摩1~2分钟。按摩时颈部肌肉要尽量放松。每天早晚各做一次，每次5~10分钟左右，坚持必有效果。

伏案工作者

怎样判断缺少何种维生素

维生素是人体不可缺少的营养元素，一旦缺少某种维生素，就会有相应的症状表现出来。

缺少维生素A，指甲会出现深刻明显的白线；皮肤粗糙；视觉模糊；记忆力减退；心情烦躁及失眠。

而缺少B族维生素则会引起消化不良，气色不佳；小腿有间歇性的酸痛；易患多发性神经炎和脚气病；口臭，失眠，头痛，精神疲倦，皮肤会变得苍白；毛发稀少；精神不振，呕吐，腹泻。

维生素片

缺乏维生素 C 时，一般出现口干舌燥；牙龈出血；抵抗力下降，易感冒；眼膜、皮肤易出血。

缺乏维生素 D，易患佝偻病；伤口不易愈合。

休息中的学问

在如今这个竞争越来越激烈的年代，不管是生活，还是工作、学习的节奏都越来越快。随着人们快节奏生活方式的到来，休息也有了新的意义：不会休息便不懂得生活，休息得不够充分不但不可以很好地工作、学习，而且还有可能失去健康的身体。

人们只有得到充足的睡眠，才会有精力投入到学习中，然而休息并非单纯地睡眠，心理学家将其分为两种情况：积极休息和消极休息。

消极休息就是指停止刚才的工作与学习，或站起来眺望一下远方或走一走，让大脑相应的管理区域暂停刚才的工作，使其放松下来得到休息，这是大多数上班族习惯采用的方法。而积极的休息，则是换一种活动或工作，比如刚才是紧张的学习思考，现在则去听听歌，唱唱歌，或去打一下羽毛球。换一种活动，大脑皮层的另外一个管理区域就会兴奋，而它的兴奋则会抑制其他区域，包括先前管理学习思考的那些区域都会受到抑制，同时达到休息的目的。

在以上两种休息方法中，肯定是积极的休息更好，那么同学们应怎样科学地安排自己的生活呢？大家可以在看书累了之后出去玩会儿，然后再接着看会儿书，如果做题做累了，可以去看会儿课外书，关键就是能使自己获得更好的休息，从而促进学习。

人体要休息，大脑也要休息。当我们睡眠时，大脑却并未休息，而是在不停地工作着。它管理着我们的身体活动，其实我们的大脑只要不是长时间地高速运转是不会累坏的。

要想休息好，首先要保证充足的睡眠，也可以通过伸伸懒腰，做家务等形式来达到休息的目的。

怎样防止冻伤

生活在北方的同学在感受冬天带来的美妙世界时，也许还感受过冻伤的滋味吧。每到寒冬时，鼻尖、面颊、下巴等这些不方便被包起来的部位，由于皮肤受寒，血管收缩，血液供应受阻，时间一久就可能冻伤。有时，即便你戴了手套，穿了棉鞋袜，也可能会被冻伤。因此我们要知道怎样防止冻伤。

（1）保护容易受冻的部位。如果是在外面，一时还不能回家，应该把冻僵的手放在怀里取暖或是两手互搓取暖。为了避免脚被冻僵要不断地活动，促进血液循环。

（2）对于冻伤的部位，在刚回到家之后应把冻伤部位放在27～40℃的温水中，四五秒钟立即取出然后再放入温水中，反复这样，直至受冻的部位恢复正常体温为止。此外，还可以涂上冻伤膏，然后用干净布包住，再裹上棉絮等继续保暖，一定要坚持。

（3）冻伤后最忌讳的就是用雪搓、冷水浸泡或猛力捶打患部，这样可能会引起皮肤溃烂。还有千万不要用火直接烘烤，也不能用太热的水直接浸泡。

最后要提醒各位同学的是，如果因冻伤未处理好而引起皮肤溃烂或严重冻伤应去医院接受治疗。

如何拥有健康的睡眠

睡眠是人生中的一件大事，好的睡眠可以使人在白天处于活动、兴奋状态的大脑神经及时得到充分休息，消除疲劳，以便第二天以旺盛的精力投入新的学习工作中。

但是，有些同学没有养成定时睡眠的好习惯，晚上长时间看电视、看小说或突击作业等，致使上床后难以入睡。尤其一些毕业班的学生，因为学习紧张、体质差、缺乏锻炼、神经衰弱，常常晚上辗转反侧，久久不能入睡。失眠造成睡眠时间不足，大脑得不到休息，精神疲惫，不但学习能力下降，长此下去，还会影响健康。那么，怎样才能拥有好的睡眠呢？

（1）睡前半小时尽可能少接收信息，关电视机，放下书本，停止激烈的谈话争吵，不再思考问题。也可以做些轻微的活动，如散步、练气功等。

（2）睡前洗脚。温水洗脚可以使脚掌的毛细血管扩张，加快血液循环，还对神经有温柔的刺激作用，能消除疲劳，帮助安眠。

（3）临睡前刷牙比清晨刷牙更为重要。这不仅可以清除积垢，减少对口腔的刺激，也能促使安稳入睡。

（4）睡前用刷子或梳子梳头，接触头皮，最好梳到头皮发红、发热。这样使头部血液更为流通，不但保护头发，还能催眠。

（5）卧室应通风流畅。要习惯开着小气窗睡觉，以便晚上室内有充足的氧气。

（6）睡前饮少量白糖温开水、牛奶或小米粥，都能使脑神经细胞受抑制，催人入梦。

（7）要养成定时睡眠、早睡早起的好习惯。这样每天晚上到了规定的睡眠时间，自然而然就会产生睡意，上床后容易入睡，而且睡得熟，不会出现失眠现象。

最后，要提醒大家的是想要获得良好的睡眠除了要养成良好的睡眠习惯，还应该注意睡眠姿势。科学的睡姿应当是全身自然放松，向右侧卧，微屈双腿。这种卧姿有下面两处好处：

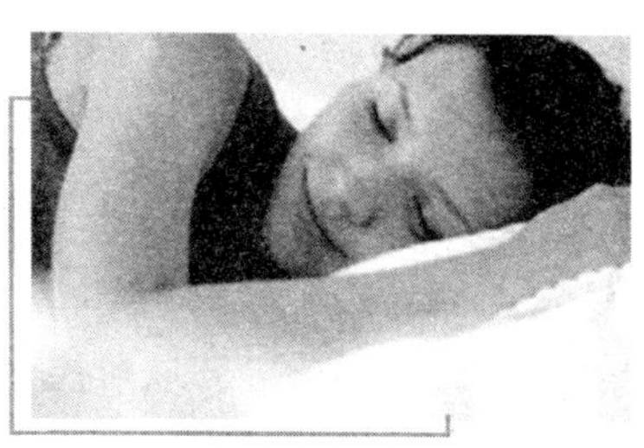

好的睡眠

第一，向右侧卧，能使腹部右上的肝脏获得较多的供血，从而有利于促进人体的新陈代谢；还有胃通向十二指肠及小肠通向大肠的开口都向右开，向右

侧卧时，能使胃肠内的食物更顺利地流动，从而有利于胃肠对食物的吸收。

第二，微屈双腿、向右侧卧睡不仅能使胸腔偏左的心脏减轻负担，又能使较多的血液流向身体的右侧，从而不压迫心脏。

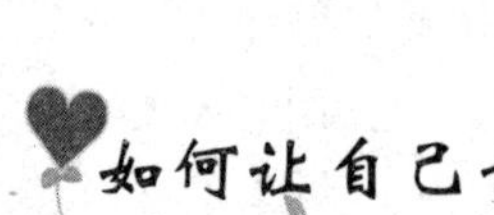

如何让自己长得更高

个子是高是矮主要取决于遗传基因，除此之外，后天因素，如营养、锻炼等，也影响着身高。所以目前个子不高的同学不用忧虑。首先，你现在还处于生长发育期，可能身体还没有很好地发育。其次，要注意补充自己的营养，蛋白质和钙质对我们的身体很重要，我们要多食含有这类物质的食物，如鱼、肉、蛋、奶、豆类、海带、虾皮、瓜子仁及绿叶菜等等。最后，多晒晒太阳，可以促进钙质的吸收；多运动，则可以促进骨骼发育。

此外，由于运动对于身高的发育有很好的辅助作用，所以大家应多进行比如跳绳、跳远、羽毛球、足球、跑步、篮球、单（双）杠、游泳等运动。

最后，要告诉大家的是，凡事不可强求，个头高低不能决定能力的高低，只要内在条件好，外形完美与否都不能阻挡你成功的脚步。

对付皮肤过敏的方法

很多人皮肤比较脆弱，很容易过敏。而导致过敏的可能是化妆品、花粉、刺激性食物、海鲜等。出现皮肤过敏的症状该怎么办呢？

不少人的皮肤都有春天花粉过敏症，外出时，最好在容易起斑疹的手及脖子、脸等露出的部位涂抹植物油及矿物油，或穿长袖上衣、长裤，戴上手套、帽子等以作防护。

如果起斑疹了，皮肤可能会感觉搔痒难忍，记住不要搔抓，这样可能会引起皮肤中毒。可以涂抹氨水来中和毒性，或是涂抹抗组胺软膏及硫酸锌油。若一时无法找到有效药物，可利用大自然提供的问荆（俗称笔头菜），这种菜一般生长在路边及荒地上，用盐搓揉之后，涂抹在患部，也许会有些刺痛，但效果很好。

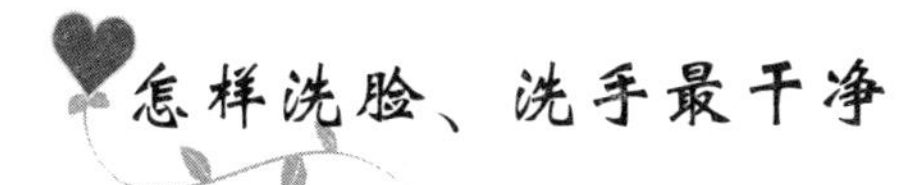

怎样洗脸、洗手最干净

洗　脸

我们的脸部有一层保护膜，就青少年而言，洗脸时只需用清水冲洗干净就可以了，无须使用任何洗面产品。

那么怎样才是正确的洗脸呢？油性和混合性肤质适合用温热水洗脸，热水可以使毛孔张开，有利于深层清洁。而中性肌肤就没有这么多讲究了。冷水洗脸对肌肤健康是很有好处的，有利于毛孔收紧，冷水洗脸的缺点就是不利于清洁毛孔，但肌肤会比较光滑。年轻的时候坚持用冷水洗澡，冬天穿得少一些也不容易生病。

洗　手

饭前是一定要洗手的，所以我们一定要知道怎样才能将手真的洗干净。先用水将手全部浸湿，打上香皂或洗手液，搓出沫儿，要让手掌、手背、手指、指缝、指关节等都沾满，这些地方是最容易残留污垢的，因此，一定要将其中的污垢洗出去。就这样反复揉搓双手以及腕部，时间最少要 30 秒钟，最后用水将手清洗干净（没有肥皂沫）。

洗　脸

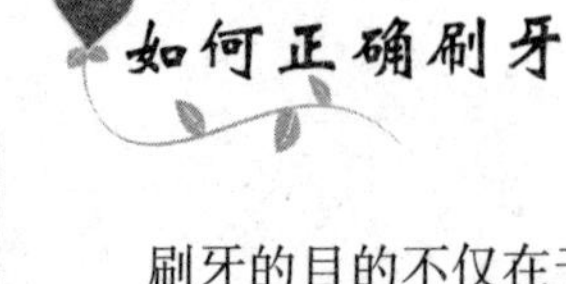

如何正确刷牙

刷牙的目的不仅在于清除牙齿上的食物残渣、软垢及微生物，更重要的是清除牙齿上的菌斑。想要有效预防龋病及牙周病就必须清除菌斑，而清除菌斑最简便易行的方法就是刷牙。

刷牙是我们每天都要做的事情，但是，要做到正确无误地清洁牙齿，就要注意以下几个问题：

首先，刷牙方法。

（1）横刷法。即水平拉锯式刷牙法，也是一般人的自然刷牙法。这种刷牙方法弊病较多，对牙齿邻面的软垢、菌斑难以刷到，损伤牙龈；容易造成牙顶部楔状缺损。故一般不主张使用此法。

（2）竖刷法。又称垂直刷牙法，即牙刷刷毛的运动方向与牙长轴一致，紧贴牙面，转动牙刷柄，使之从龈缘向切缘扫动。上牙向下刷，下牙向上刷。此法因顺着牙刷，故可将牙间隙处及牙面刷干净，并对牙龈有按摩作用。

（3）水平颤动刷牙法。即将牙刷刷毛置于牙冠与牙龈交界处，并与牙长轴呈45°角，手握刷柄，在小范围的水平颤动，然后再顺牙间隙刷。这种方法对牙周病者较好，但牙刷刷毛要求细柔，弹性好。

（4）转动刷牙法。刷毛与牙长轴呈45°角，转动刷柄，作局部由龈缘向切缘（牙台面）的小圆形转动，每个部位至少转动刷8~10次。

（5）混合刷牙法。多为在竖刷法的基础上加入转动刷牙，牙龈部又使用颤动刷牙法。也有转动刷牙加入水平横刷法。

其次，刷牙的时间。

每天刷几次牙才好？有人除早晚刷牙外，饭后也刷牙。有人只早晨刷1次牙，饭后及睡前漱口。有人则晚上刷1次牙，早晨漱口。

目前提倡每天刷2次牙，睡前1次，起床后1次，饭后则认真漱口。专家们认为睡前刷牙更为重要。因为睡眠时口腔处于闭合及静止状态，唾液分泌少，自洁作用消失，这均有利于菌斑的生成；而口腔内未清除的残渣及软垢等，在适宜的温度及细菌作用下产酸及有害物质，促使龋齿及牙周病的发生。因此睡前很好地刷牙，清除软垢与污物，以减少菌斑的发生，对牙齿保健更为有利。

由于龋齿及牙周病的发生是多因素的，不能仅以刷牙的多少来判定其有无作用；也不能因每天刷3次牙的人仍患龋齿及牙周病，而否定刷牙的作用；更不能因只早晨刷1次牙的人没患龋齿及牙周病，而忽视睡前刷牙的重要。

再次，刷牙的工具。

（1）牙刷头不能太大，以便在口腔灵活转动。成人牙刷头长30~35毫米，宽10~12毫米，刷毛3~4排，总毛束24~33束；毛束间保持一定间隙便于清洁。儿童牙刷刷头长25毫米，宽7~9毫米，刷毛不超过3排。

（2）牙刷刷毛应选细而柔韧的优质尼龙丝，直径在0.18~0.2毫米。毛束高度成人为10~11毫米，儿童为8~9毫米。对尼龙丝要求耐磨性强，回弹力好，不易折断，不吸水，易清洁、干燥。

（3）牙刷每根刷毛顶端均应加工成圆形或椭圆形，圆钝光滑，绝不能成尖刺状。

（4）牙刷柄应便于握持，不易折断，平直或有适当的弯度均可。

在使用牙刷后应注意冲净，并保持干燥，保证自身的清洁。牙刷使用一定时间后，刷毛会向外弯曲，不仅会影响清除菌斑及软垢等，而且会损伤牙龈，因此应及时更换。即使刷毛弯曲不厉害，牙刷使用时间也不宜超过3个月。

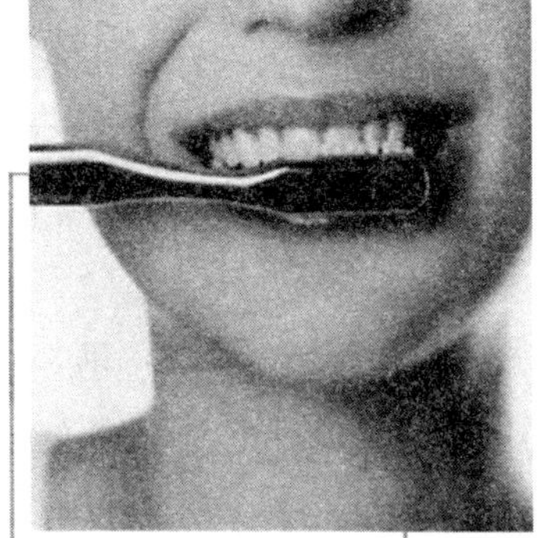

刷　牙

最后，正确使用牙线。

牙线的使用方法是取一段30~40厘米长的牙线，两头分别固定在两手中指上，中间相距15厘米左右。然后用拇指及食指绷紧（间距4~5厘米），在拉动中通过邻面接触点，轻轻压入龈沟部，并使牙线紧贴牙面，由根部向牙面方向刮动，将牙垢及菌斑清除。清洁右上后牙时，用右手拇指及左手食指操作；清洁左上后牙时，则

用左手拇指及右手食指。每次上下刮动5～6次，刮完一侧牙面再刮另一侧。完成一处后，换一段牙线按上法再清洁另一处牙齿。

在牙线通过接触点时，压入的力量不要太猛，以免损伤牙龈。如果有条件的话，在早晚刷牙时，最好用牙线清除邻面的菌斑，至少坚持每晚进行1次。

洗澡中的学问

每个喜欢清洁、健康的人都喜欢洗澡。因为，在洗澡的过程中，我们不仅可以冲洗掉身上的污垢，还能赶走疲劳和坏情绪。洗澡可以给我们带来很多好处，不过，如果我们不能科学、合理地洗澡，可能也会出现一些问题。那么，怎样洗澡才算是科学、合理的呢？

（1）过饱、过饿不宜洗澡。饱餐后，胃肠工作量增大，体内血液集中于肠胃，这时洗澡由于皮肤血管扩张，使较多的血液流向体表，而脑、内脏的血液供应减少，容易因缺氧发生晕厥，饥饿时洗澡则会出现低血糖而虚脱。

（2）酒后不宜洗澡。酒精会抑制肝脏活动，阻碍体内葡萄糖的恢复。而洗澡时，人体内的葡萄糖消耗会增多。酒后洗澡，血糖得不到及时补充，容易发生头晕、眼花、全身无力，严重时还可能发生低血糖昏迷。

（3）运动后不宜洗澡。运动后不应立即洗澡。在剧烈运动后，应休息片刻再洗澡，否则容易引起心脏、脑部供血不足，甚至发生晕厥。

（4）水温要适合。澡水的温度应与体温接近为宜，即35～37℃，若水温过高，会使全身表皮血管扩张，心脑血流量减少，发生缺氧。在夏季夜晚，洗冷水澡后常会使人感到四肢无力，肩、膝酸痛和腹痛，甚至可成为关节炎及慢性胃肠疾病的诱发因素。一般夏季洗冷水澡的水温以不低于10℃为好。

（5）适当的洗澡时间。健康的成年人，每次洗澡的时间不超过30分钟为宜，老人、小孩时间应该更短。

（6）洗浴次数因人因季节而异。油性肌肤者可适当增加次数，瘦弱或者干性肌肤者应略少，夏季每日1次，春秋每周1~2次，冬季每周1次。

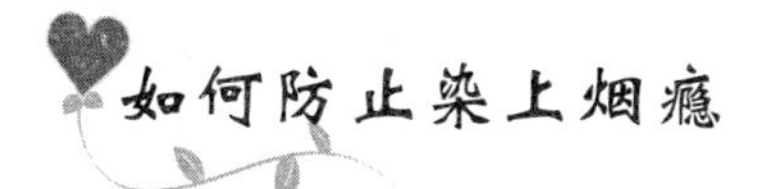

如何防止染上烟瘾

在你周围或许有许多人都吸烟，爸爸、叔叔、老师，甚至同学。有的还把吸烟当成一种嗜好，仿佛一天不吸烟就不能活一样，还自吹“饭后一支烟，赛过活神仙”。真的是这么回事吗？

有人曾经测定，烟草燃烧后所产生的烟气中，约有1000多种有害成份，其中尼古丁危害最大。一支香烟中含有的尼古丁，足足可以毒死一只小白鼠。现在，你该明白吸烟的危害有多大了吧。其实，吸烟不仅损害自己的身体健康，喷出的烟雾还会毒害其他人，简直是害已又害人。

那么，吸烟是怎样害人的呢？首先，吸烟会影响肺部发育，使肺活量减少。经常吸烟的人进行剧烈运动时，往往气喘吁吁，不能持久，就是这个道理。此外，吸烟还会减弱呼吸道的抗病能力，引起支气管炎、肺气肿等病。肺癌也主要是由吸烟引起的。青少年正处于生长发育期，身体各系统和器官都比较娇嫩，机能尚未发育成熟，对有害物质特别敏感，比成年人更易吸收。因此，吸烟对青少年的毒害就更大了。据世界卫生组织报告，小于15岁开始吸烟的人，比不吸烟的人肺癌发病率高17倍。

青春期有一个非常明显的特征——叛逆。很多青少年为了表达自己的叛逆情绪，或者为了彰显自己已经长大，而把香烟叼在嘴里作为一种信号或者标志。其实，情绪还有其他的表达方法，成熟和个性也不是一定要抽烟、喝酒来彰显的。研究表明，青少年就算是偶尔抽上几支烟，也会很快就上瘾的。而一旦上瘾了，不但不利于自己的身心健康，也会是周围的人受到二手烟的危害。并且，一旦染上烟瘾，再想戒掉就十分地困难了。因此，要做到防患于未然。那么，如何才能有效地防止吸烟成瘾呢？

首先，要看清吸烟的危害。香烟的烟雾中，含有许多不同的物质，其中最有害的物质是焦油尼古丁和一氧化碳，这些有害物质危害人体的食道、呼吸系统（呼吸道和肺）、膀胱等等器官，这三种东西是使许多吸烟者早死的祸首。青少年正处于长身体的关键时期，烟雾中的有害物质会影响青少

年的健康成长。

其次，警惕第一次吸烟。青少年一定不要有“我的意志力强，偶尔抽几支烟是不会上瘾”的侥幸心理。如果你真的认为自己的意志力强，就要坚决抵制住同学、朋友让你抽第一支烟的诱惑，因为有第一次就会有第二次，时间长了，便无法收拾。对于那些经常吸烟的同学，如果规劝不成，那就请在他们抽烟时尽量避开他们。

最后，多为其他人着想。二手烟的危害是众人皆知的，如果你在家里吸烟会危害家人的健康，在教室里，则会危害到周围同学的健康。在公共场合，还会危害到其他人的健康，同时也会污染环境。相信大家都不愿意成为一个危害亲人朋友和社会的人。

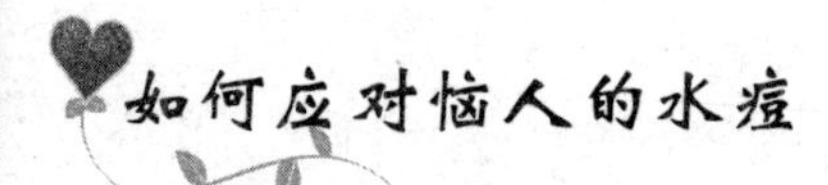

如何应对恼人的水痘

水痘是一种传染性疾病，临床表现为皮肤黏膜出现斑疹、丘疹、水泡，并伴有发热、头痛、咽痛等并发症。

假如身上长了水痘，父母又无法在身边照顾，若是症状比较轻微则不需要看医生，采取下面的护理措施，便可以自行恢复健康。

注意清洁，每天淋浴，水温不宜太热。浴后轻轻拭干身体，然后在患处涂上炉甘石乳剂，每天涂两次。不要挤压水痘，否则会留下小麻点；在此期间一定要把手指甲剪短，以防将水痘抓破及感染细菌。如果水痘破了，要先用药水仔细消毒，然后涂上止痛软膏。

如果口中发疹，应注意饮食，避免吃过硬或者太热的食物。还要多休息。

经过 3 ~5 天水痘一般会停止长出，并变成黑色的硬痂，7 ~10 天后自然脱落，不会留下痕迹。结痂期间，仍不宜出门，因为体内潜伏着传染力很强的病毒。

如果自己采取这些措施之后，仍然没有什么效果，就要去医院了。每个人一生只出一次水痘，并且出了之后可终身免疫，不再感染。

怎样有效预防沙眼

沙眼是眼睛疾病的一种，在患病之初，一般不会有什么异样的感觉，既不会痛也不会痒，但那时一旦病情严重滞后，就会出现眼睛发痒发干、眼屎增多的症状，另外，还很容易流泪。如果在这个时候翻开眼睑看的话，便能够看到很多颗粒状的小疙瘩，看起来就像沙子一样，它们会使眼睑外翻，迫使睫毛向眼球倒去，如同刷子一样磨损着眼角膜，使眼角膜变得浑浊，最后变成毛玻璃一样，这样就影响到了我们的视力，情况严重的还可能会失明。

沙眼是通过接触传染的，所以我们平时要注意不要同病人共用手帕、毛巾、洗脸水，或者用在公共场合接触过东西的手去揉自己的眼睛，以切断沙眼的传播途径，否则，被传染上沙眼的可能性就会慢慢增大。

食欲不振如何应对

食欲不振是不容被忽视的，因为它会在不知不觉中使我们体质下降，影响我们的身体健康，严重的会得厌食症。因此，一旦有食欲不振的倾向时，就应该立刻想办法解决。当然了，要增强食欲，关键还是要靠自己。

首先，要保持良好的心态，吃饭的时候要保持心情愉快，慢慢品尝食物的美味，食物的颜色、形状和味道都是影响食欲的因素，好看的颜色和形状好的美味都可以促进人们的食欲。

其次，有规律地生活，养成锻炼身体的习惯，运动会帮助相关的系统充分吸收食物内的养分，从而增加食欲。

再次，一般来说我们是不提倡挑食的，但是食欲不振时，可以适当选择自己喜爱的食物，以促进食欲。

最后，要提醒大家的是，如果你经常出现食欲不振的情况，最好还是去看一下医生，听取一些专业意见。

牙痛时应该怎么办

“牙痛不是病，疼起来真要命。”很多患过牙痛的人对这句话有很深的体会。牙痛会让人没有食欲，夜晚难以入睡，严重地影响生活。一旦出现牙痛的情况，一定要及时进行治疗，因为牙痛还会引发众多牙病。

花椒、盐水、生姜都可以有效地缓解牙痛；将冰袋放在牙痛的部位也比较有效。此外，还可以多吃清胃火以及清肝火的食物，比如西瓜、南瓜、芹菜、萝卜等，尽量不要吃过硬食物，少吃过酸、过热、过冷的食物。

虽然缓解牙痛和治疗牙病的办法有很多种，可最好的办法还是防患于未然，做好保护牙齿的工作。平时要注意口腔卫生，养成早晚刷牙、饭后漱口的好习惯。

过量使用化妆品的危害

如今，爱美的少女都喜欢使用一些化妆品来打扮自己。但是，只有适当的使用化妆品，才有可能起到美容的作用。如果使用过多，就会适得其反。

人的面部皮肤汗腺非常丰富，据统计有7万多条，每天通过这些汗孔排出的汗液约有24毫升，夏季还要多些。脸上的皮脂腺也很丰富，多半与毛囊在一起，分泌的油状皮脂经毛囊口排出体外，由皮肤表面排泄的皮脂每周可达100~300克。有些女生不了解人体皮肤的生理特点，在使用化妆品时总是涂得很厚，以为这样才是美。殊不知这样不但浪费，而且容易妨碍汗液和皮脂的分泌排泄，损伤皮肤，甚至还会引发皮肤病。

那么，化妆品的用量多少才算合适呢？一般来说，营养霜的用量为每次0.6~1克；清洁霜的用量为每次2~4克；按摩霜的用量为每次4~6克；化妆水的用量，如果是直接倒在掌心上，每次1毫升，如果用化妆棉涂抹，每次1.5~2毫升；美容用的化妆品比护肤化妆品使用的次数多，但用量也应有所限制。

长青春痘用药效果不好怎么办

青春痘也称粉刺、暗疮等，医学上叫痤疮。很多青少年朋友长了粉刺后，急于治好，常常是每种药只用几次或一、两天便放弃了。疗程不够加之本病顽固，就更难以治好了。因此，一定要按医嘱治疗，一种药物达到一定疗程，效果不明显再换另一疗法。

坚持控制饮食中的脂肪、糖、刺激性食物、兴奋性饮料，不吃含碘和溴的药物。

效果较好的内服药是：四环素、氯林可霉素、强力霉素。还可用硫酸锌片，维生素 A、B 族维生素。

外搽药较好的有：氯柳酊、红霉素与锌混合洗剂、壬二酸霜和维甲酸霜等。

中药有枇杷清肺饮、凉血四物汤、桅子金花丸等内服，颠倒散用凉水调敷皮疹处。

对顽固者，可用胎盘组织液、菌苗疗法、绒膜激素疗法等任选一种。

对炎症重的大结节和囊肿，除口服四环素和维甲酸外，局部用鱼石脂外敷或用去炎松皮损内注射。有条件的可去医院做超短波和紫外线治疗。

对聚合型的大囊肿，甚至形成窦道的除用上述消炎药外，要加用松和乙烯雌酚口服。经久不愈的窦道、脓肿，应去外科切开和整形治疗。

近年来国内开展的中西医结合倒模面膜疗法对本病疗效亦很好。

过度节食减肥有害身体健康

如今，很多学生为了美丽都开始追求苗条的身材，不顾身体的健康，盲目地节食减肥。殊不知，这样的减肥已经陷入可怕的误区，严重的还有可能诱发其他疾病。

过度节食可诱发闭经：由于过度节食，会引起体重急剧下降，从而容易诱发闭经。因为青春期女性需要积累一定的脂肪才能使月经初潮正常到来，并保持每月一次的规律。如果盲目减肥，体内脂肪过分减少，就会使初潮迟迟不来，已来初潮者则可发生月经紊乱或闭经。

过度节食可诱发胆结石：减肥者的低热量和低脂肪膳食有引发胆结石的危险。原因是当脂肪和胆固醇摄入骤减而感到饥饿时，胆囊不能向小肠输送足够的胆汁。如果胆汁积滞和胆盐呈过饱和状态，就会促使结石形成。

过度节食可诱发脑细胞损害：生理学家们认为，节食的结果是使机体营养匮乏，这种营养缺乏使脑细胞的受损更为严重，直接影响记忆力和智力。所以，青少年朋友一定不要轻易节食减肥。

过度节食可诱发头发脱落：近年来，因减肥而致脱发者不断增多，其中20%～30%为20～30岁的青年女性。因为头发的主要成分是蛋白质以及锌、铁、铜等微量元素，长期靠吃素减肥的人，蛋白质和微量元素的摄入不足，可导致头发严重营养不良而脱落。

有资料表明，靠节食来减轻体重，有90%的人都会反弹。正确的方法是，养成科学的饮食习惯，通过合理的饮食营养、膳食平衡以及长期坚持体育锻炼，才能使体重真正减下来。

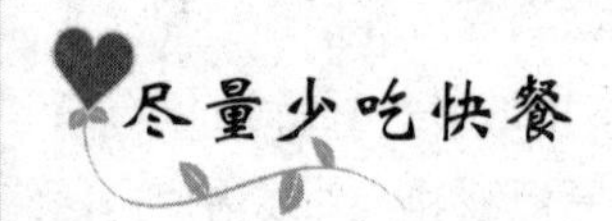

尽量少吃快餐

如今，快餐已经成为日常生活中必不可少的一部分，不管什么时候来到快餐店，都会看到一派欣欣向荣的景象。对于一些生活忙碌没时间做饭，或者不方便在家吃饭的同学来说，吃快餐更是很平常的事，有时甚至一周能吃好几次。但在越来越强调营养健康的今天，这些快餐并不一定能够保证足够的营养。

在对快餐消费的调查中，发现了一种令人担心的现象，就是很多消费者并不在意快餐的营养搭配是否合理，只想满足口腹之欲。如果长期食用营养搭配不合理的快餐，就会对消费者身体造成很大危害。西式快餐大都含有油炸的鸡肉类食品，包括炸鸡翅，另外像薯条、可乐、橙汁等几乎每款套餐中都有。洋快餐汉堡包中蔬菜等膳食纤维含量太少，虽然加入了红椒、生菜等，但远远不够人一顿饭所需的。因此，为了身体健康，最好尽量少吃快餐。

饮食篇

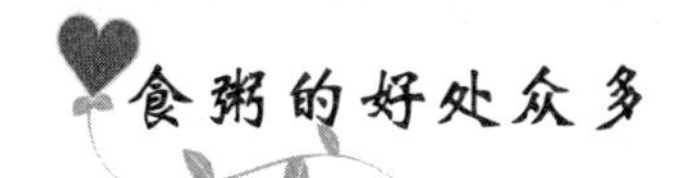

食粥的好处众多

食粥，是中华民族的传统食品，历来被人们津津乐道。宋代著名文学家苏东坡喜爱晚上吃粥，他说："粥后一觉，妙不可言。"明代医学家李时珍的《本草纲目》中刊载的粥，居然有62种之多。

粥具有许多特点：

其一，粥稀软糜烂，是日常食物中最容易消化和吸收的食品，健康成人、老人、婴幼儿都很适宜。老人体内各脏器已进入老化阶段，各种生理功能在衰退，其胃肠不能承受干硬、油腻或生冷食物，而以食粥为最宜。

其二，粥的营养丰富、全面，它除含有大量机体供能最快的糖以外，还含有蛋白质、脂肪、各种维生素及钠、钾、钙、镁等微量元素。

其三，粥还有治病之功。因为粥容易消化，又有和胃补脾、消肺治痰等保健作用，从而能使人增强体质、延年益寿。从现代营养学观点来看，经常食粥还能控制体内脂肪，降低胆固醇含量，消除血液中脂质、过氧化物的沉积，对于预防高血压、冠心病、糖尿病都有一定好处，因而被人们广泛运用于多种疾病的防治。

粥的种类，按其原料分为三类：白粥、食品粥和药粥。

白粥：纯用大米、麦、粟、玉米等谷类加以煮烂而成。大米粥健胃脾，扶正气而强身；玉米粥和中开胃，可预防心血管病；麦片粥能促进溃疡愈合，是消化道溃疡患者的良好食物。

食品粥：在白粥中添加其他食品做成。如菠菜粥和中补气、滑肠通便；胡萝卜粥宽中利气，能预防高血压；鸡汁粥补精益力，治虚损体弱；羊肉粥能温补脾胃；猪肝粥可补血明目；肉骨头粥有补血壮筋之力；绿豆粥能清热解毒，消暑止渴；赤豆粥利水消肿，清热解毒等等。

粥

药粥：是在白粥或食品粥中加用一些中药同煮而成。其中谷类有健补脾胃扶正气的功效，另外针对疾病选配药物，相互协调，可以补益强壮身体，祛病延年。比如川乌粥祛风除温，治关节肿痛；黄芪粥可补气；党参粥能健胃；菊化粥能养肝明目；白木耳粥可益肺补胃；人参粥能大补元气等。

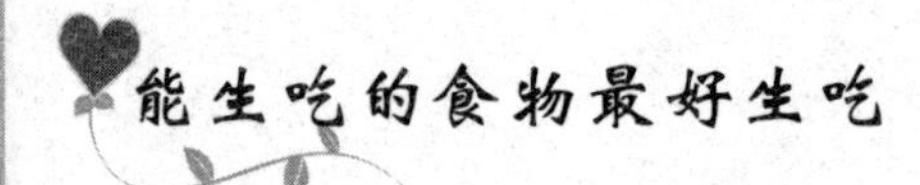

能生吃的食物最好生吃

单就蔬菜的烹制而言，不管是炒、烧、熘、炖、炸、蒸等，都会使其中的维生素、矿物质、纤维素、具有抗癌作用的“吲哚”化合物，以及胡萝卜素等营养成分，因受高温处理而遭到不同程度损失，有的甚至被破坏殆尽。很多营养比较全面和平衡的食物，因此而减少以至失去了它的真正价值，不利于人体获得均衡的营养，并可能导致一些营养性疾病发生。科学家还发现，当人吃了熟食后，体内的白血球很快增多，犹如对病菌入侵一样处于“紧急战备”状态，这种有害反应的长期结果，使机体的免疫系统功能受到干扰和破坏，给疾病入侵和癌症发生造成了可乘之机，而吃生食则无此弊端。

近年来，营养学家一再告诫人们，不要片面追求食品的色、香、味和口感，能生吃的食物最好生吃。只要注意卫生，生食于身体补益匪浅。

早餐质量影响人的全天精神

有许多青少年朋友习惯不吃早餐。实践证明，不吃早餐不仅会伤害肠胃，使人感到疲倦、胃部不适和头痛，还特别容易患上胆结石，同时又极易催人衰老。如果不吃早饭，空腹时间就会过长。如从头一天 19 点进晚餐，以 4 个小时胃全部排空计算，至次日 12 时进午餐，空腹持续时间长达 13 个小时。在这期间，仅靠肝脏释放的糖原分解来维持血糖浓度。由于体内各种脏器的生理活动，细胞的新陈代谢和学习时体力、脑力的消耗，身体一直会处于入不敷出的亏损状态，长此下去将损害脏器功能，还可产生胆石症和过早衰老。

青少年朋友早晨常常时间紧张，忙于上学，而顾不上吃早餐，未到午餐时间就会饿得不得了，中午就饱餐一顿，这样饥一顿饱一顿，是一种有害健康的生活习惯。因为上午饿得厉害，中午就吃得过多，使多余的热量转变成脂肪沉积起来。如果晚餐又很丰盛，油水较大，而且晚上人体血液中胰岛素含量升至高峰，就将多余的能量贮存起来，使人日益发胖。

通常上午学习任务重，脑力劳动强度大，消耗能量比较多，但胃肠却处于饥饿状态，致使精力不足，体力不支，甚至还会发生低血糖性晕厥，容易导致意外事故的发生。

因为空腹过久，胆汁成分发生变化，胆酸含量减少，胆固醇的含量相对增高，这就形成了高胆固醇胆汁。如果不进早餐，久而久之，胆汁中的胆固醇达到饱和，在胆囊里形成结晶沉积下来，就可产生胆结石。

早　餐

调查表明，坚持吃早餐的老人，长寿的比例要比不吃早餐的老人高 20%。他们在年过八九旬的老人们身上发现了一个共性：从青少年时代开始，他们每天都坚持吃一顿丰盛的早餐。

研究表明，不吃早餐的人，血中胆固醇比吃早餐的人要高33%左右。另一项研究显示，吃早餐的人比不吃早餐的人，心脏病发作的可能性要小。临床也证实，早上起床后2小时内，心脏病发作的机会比其他时间高1倍左右。这种情况可能与较长时间没有进餐有关。他们在研究血液黏稠度及血液凝结问题时发现，不吃早餐的人血液黏稠度增加，使流向心脏的血液量不足，因而容易引起心脏病发作。

营养价值极高的鱼肉

相信大多数喜欢吃鱼的人都是爱上了鱼肉的鲜美味道，其实，鱼肉除了味道好之外，营养价值也特别高。

首先，鱼类食品的蛋白质含量多、品质优，且易消化吸收，吸收率可达95%以上，更重要的是它们具备了人体所必须的矿物质和维生素。据分析，光氨基酸就有赖氨酸、谷氨酸等数十种以上。此外鱼类一般的成分有水、蛋白质和脂肪，其含糖类很少，故属低能量食品，多吃不会发胖。鱼的脂肪虽是动物性油脂，但大都是不饱和脂肪酸，具有代谢快、易分解的特点。

俗话说“药补不如食补”，在进食的营养品中，鱼类是含有核酸丰富的食物。每100克白米只有46毫克核酸，牛肉、瘦猪肉也只有100多毫克，而秋刀鱼就有236毫克、鱿鱼280毫克，有的小鱼竟高达1187毫克。秋刀鱼可使人体的细胞健康充满活力。多吃鱼，使人体有了足够的核酸，每个细胞会长得年轻健壮，不易得病。

其次，常吃鲜鱼有益于长寿。科学界研究发现，鱼贝类脂肪中所含的甘碳第稀酸（EPA）及甘二碳六稀酸（DHA）两种成分，经临床试验，证实了可以防止动脉硬化及心脏病的发生。丹麦的爱斯基摩人患心脏病比例很低，因为他们的血液脂肪中含有很多的EPA，并证明与食物有关，其结论是他们多吃鱼。日本人喜吃鱼类、贝类，所以男子平均寿命为74.2岁为世界第二位；女子平均寿命为79.66岁，居世界之首。

最后，鱼肉蛋白质量多、质优、肉细嫩，富含维生素A、维生素D、维生素 B 族，这是其它肉类所无法比拟的。维生素 A、维生素 B 是营养眼睛、皮肤、牙齿和骨骼的重要物质，对皮肤健美，尤其年轻女子的皮肤，尤为有益，所以有“若要美，多吃鱼”的说法。鱼骨含钙、磷最丰富。鱼肉只要烹调得法，做成酥鱼，可连骨带肉一起吃，如凤尾鱼罐头的鱼肉，起到一举两得的作用。

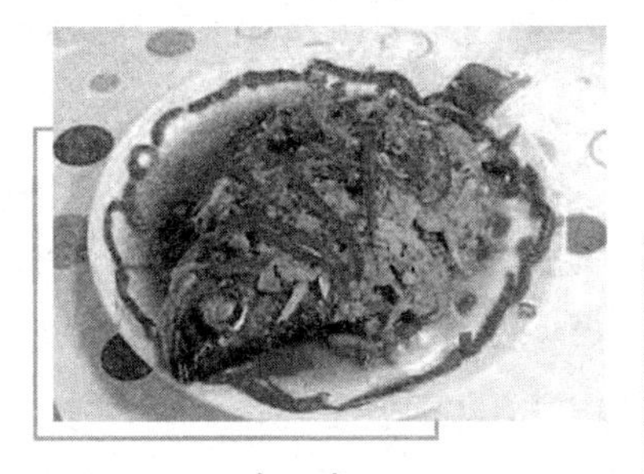
鱼 肉

10 种最利于健康的食物

苹果：纤维素含量丰富，能减少患肠胃疾病的机会。

牛油果：含大量不饱和脂肪，能降低人体胆固醇含量，还可减肥。

香蕉：含有丰富的钾，可减轻头晕乏力和心律不齐症状。

椰菜花：富含人体所需的维生素 A 和维生素 C。

鸡：是蛋白质的好来源。脂肪、热量和胆固醇较低。

鱼：能提供好的蛋白，能降低胆固醇，有益心脏。

柑橘：可以提供维生素 C、钙、钾和纤维素。

马铃薯：人体能量的好来源，还含维生素 C 和主要矿物质镁、磷、钾等，吃时不要削皮。

脱脂奶：脂肪低，能提供蛋白质和丰富的钙、磷，还有维生素 A 和维生素 D。

粗粮面包：能量和纤维素的主要来源，热量低。

嗑瓜子对人体健康有益处

瓜子是一种备受大家喜爱的零食，在我们吃瓜子的时候，不仅可以得到味觉的享受，还可以为我们的身体补充多种营养物质。从营养价值角度

看，瓜子含有多种维生素和较多的蛋白质，其油类含量也十分丰富。除此之外，瓜子还是良好的药物。

嗑瓜子的吃法可以使人们受益更大，因为它能增强人体的消化功能。嗑瓜子，即使吃上几个小时，也吃不进许多，然而瓜子的美味却像马达一样启动了整个消化系统，使之活跃起来。由于瓜子的香味刺激了舌头上的味蕾，味蕾便呈现出兴奋状态，并将这种神经冲动传给大脑的“食欲中枢”，后者反馈于唾液腺引导消化器官，于是，含有多种消化酶的唾液，胃液等的分泌相应地旺盛起来。这种效果无疑是有利于消食化滞的。

瓜 子

嗑瓜子，不论饭前饭后，都有很大好处。饭前嗑，能促进食欲；饭后嗑，可帮助消化。特别是吃了较多的油腻食物以后，嗑上一把瓜子，好处更大。但吃瓜子要有良好习惯：一是不要随地乱吐瓜子皮；二是注意时间，不能边工作边吃或边学习边吃。

脱颖而出的“第三代”水果

最早为人们认识的水果有苹果、梨、桃、桔子等，这些水果被称为“第一代”水果；比第一代水果果实略小，被人们食用稍迟的猕猴桃、罗汉果、草莓、山楂等则称为“第二代”水果。后来被人们发现和利用的沙棘、野蔷薇、白茨、越橘等一大批植物小果实，原属“无名小辈”，然而，人们发现这些果实含有较高的维生素、氨基酸、微量元素等，其营养价值是“第一代”或“第二代”水果的几倍至几十倍，因而越来越被人们重视，并将它们称为“第三代”水果。

“第三代”水果的品种多、分布广、适应性强，并且大多长在无污染的山坡野岭，被誉为“天然绿色食品”。经科学检测，在第三代水果中，有的营养价值远远高于第一、二代水果，且不同品种各有特色，所含物质多样，具有很高的药用食用价值。例如沙棘，就是一种适应性极强的优良水土保持树种，浑身是宝，用途广泛，其果中含有多种对人体有益的营养物质和生理活性物质。

在国外，被称为第三代水果之一的美国黑莓，质软汁多，酸甜适口，具有草莓香味，富含糖、果酸及各种维生素，可鲜食，也可加工成果汁、果酱、果冻等食品。1997 年引入我国浙江省试种成功；日本第三代水果中的苹果梨被称为“21 世纪的新型水果”，它模样像梨，细观似苹果，表皮光滑，水多如梨，松脆似苹果，而且糖度比梨高，肉质比梨软，与普通梨相比易于贮存。

“第三代”水果的价值极高，因为其不仅是我们的新食物资源，同时还是生产保健品和药品的重要资源。

黑木耳的营养价值

医学研究已经证明，黑木耳具有降低高血脂和阻止血小板凝集的作用，可用来防治冠心病。有遗传倾向的家族性肥胖伴有高血脂者，应多吃黑木耳，这样可使未成年的儿童长大后减少高脂血症和冠心病的发病率。

黑木耳含有丰富的蛋白质，其蛋白质含量可以和动物性食物相媲美，所以有“素中之荤”的美誉。此外，黑木耳的含铁量也很高。说到补铁，一般都认为菠菜、瘦肉、动物肝脏中含量丰富，其实在所有食物中黑木耳的含铁量最高，是菠菜的 20 多倍，猪肝的 7 倍多。因此黑木耳是养颜补血，预防缺铁性贫血优质的食物。

在黑木耳中还含有丰富的纤维素和一种特殊的植物胶原，这两种物质能够促进胃肠蠕动，防止便秘，有利于体内大便中有毒物质的及时清除和排出，并且对胆结石、肾结石等内源性异物有一定的化解功能。

生命为何离不开蔬菜

科学研究表明，蔬菜是人体正常发育和维持生命必不可少的食物。常

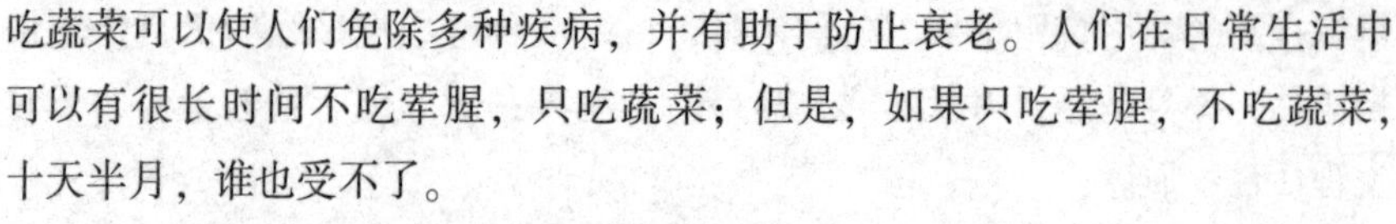

吃蔬菜可以使人们免除多种疾病，并有助于防止衰老。人们在日常生活中可以有很长时间不吃荤腥，只吃蔬菜；但是，如果只吃荤腥，不吃蔬菜，十天半月，谁也受不了。

那么，蔬菜为什么会有如此之大的功效呢?

这是不仅仅是因为蔬菜的主要成分是碳水化合物和豆类所含有的丰富蛋白质、脂肪，更主要的是蔬菜中富含维生素、矿物质、植物碱以及一些特殊的芳香物质。

蔬菜被人们称为“维生素的仓库”，是由于人体必需的维生素A、维生素B_2、维生素C、维生素E、维生素K等分别广泛地存在于各种蔬菜中。特别是维生素C，又叫抗坏血素，人体如果缺少了它，就会患坏血病，而这些维生素在一切新鲜的瓜果蔬菜中都含有。所以，远洋的航船上要常常备有新鲜的蔬菜和瓜果，以防海员缺少维生素C而致坏血病。

除了维生素外，蔬菜中还富含人体所需要的矿物质，如钙、铁、磷；在菠菜、卷心菜中富含钙和铁；芹菜和花菜中含有磷。

蔬菜中的植物碱能很好中和体内的酸性食物。因为过多的酸性物质，会抑制新陈代谢的进行，还可产生其他的一些不良影响。

在有些蔬菜中，还含有特殊的芳香味，如葱、蒜、萝卜、香菜等。这些香味不但能调节口味，增进食欲，激发胃液分泌，帮助消化和吸收食物，而且还能消灭多种细菌。在流行性感冒广泛传播的季节，宜多吃葱蒜之类的芳香味蔬菜，可有力地抑制流感蔓延和极大地降低人群中流感的发病率。

蔬　菜

因此，当我们在大吃鸡、鸭、鱼、肉之时，也别忘了多吃一些蔬菜!

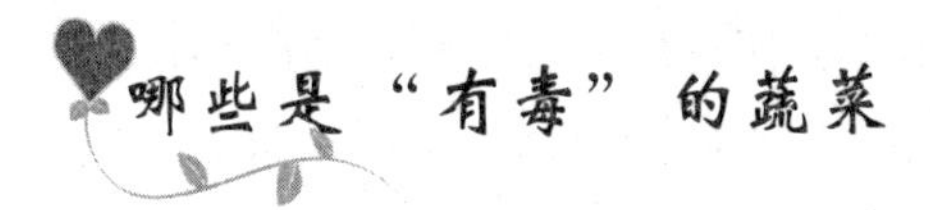

哪些是“有毒”的蔬菜

在上一节我们刚刚介绍了吃蔬菜的众多好处，但是，并不是所有蔬菜都对身体有益，有一些蔬菜中就含有影响人体健康的物质，因此，我们要千万注意。

蔬菜中的草酸：菠菜、笋、茭白、毛豆、洋葱含有较多的草酸，草酸味涩，影响人的口味，还能与食物中的钙结合，形成草酸钙，使食物中的钙不能被人体吸收利用。草酸钙还会妨碍人体吸收食物中的铁，长期吃这些蔬菜的人，容易引起胃结石。因此在烹调这些蔬菜之前，最好先用开水烫一下再炒，这样蔬菜中的一部分草酸就可以被除去。

未熟透的豆角：豆角如扁豆、菜豆等，含有一种有毒物质——皂苷。这种物质多在豆角的外皮里，以立秋前后含量最高，因此，在这种时候吃这些蔬菜也容易中毒。为了预防皂苷中毒，要注意烹调方法，无论是炒、焖还是凉拌，一定要烧熟煮透。只要经过煮沸或急火中加热数十分钟，或将豆角放在开水中浸泡，捞出来再炒，使豆角加热至原来的生绿色消失，凉拌时，无脆生味，这样就不会中毒了。

发芽的土豆：土豆在较高的气温、温度或光照下会发芽，这种发芽的土豆表面含有一种毒素——龙葵碱。龙葵碱在正常的土豆中也含有，据测知，每100克土豆中含有龙葵碱10～20毫克，这极少的含量，不足以引起食物中毒，但土豆经过发芽后，龙葵碱的含量会极大地增加，每100克中含龙葵碱470～730毫克，一般人吃进200毫克龙葵碱就会引起中毒。因此，土豆应该被放到凉爽、干燥和照不到阳光的地方。一旦土豆发芽或皮色发绿，必须彻底挖去芽与芽根，并将芽周围发绿、发紫的皮肉挖掉，然后放清水中浸泡30～60分钟，使残余的毒素溶于水中。另外，在烹调时，放点醋，也会将余毒破坏，并且一定要做熟。生食或半生半熟，均可增加中毒的可能性。

鲜黄花菜：黄花菜又称金针菜，色美味鲜，人们也十分爱吃。可是，鲜黄花菜中含有一种叫“秋水仙碱”的物质，这种物质本身无毒，但是经胃肠吸收后，在体内会变成有毒的“氧化秋水仙碱”。这种物质从胃肠道和

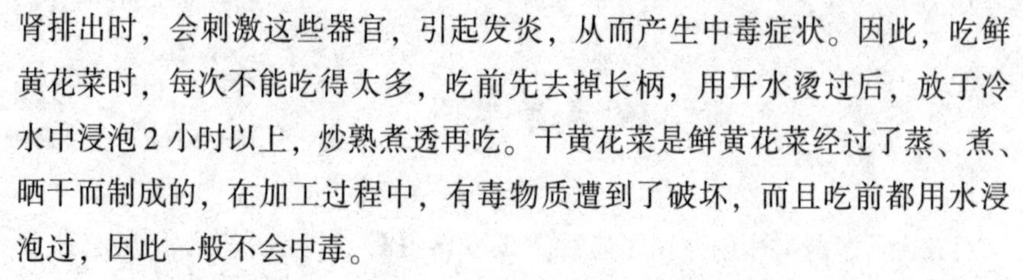

肾排出时，会刺激这些器官，引起发炎，从而产生中毒症状。因此，吃鲜黄花菜时，每次不能吃得太多，吃前先去掉长柄，用开水烫过后，放于冷水中浸泡2小时以上，炒熟煮透再吃。干黄花菜是鲜黄花菜经过了蒸、煮、晒干而制成的，在加工过程中，有毒物质遭到了破坏，而且吃前都用水浸泡过，因此一般不会中毒。

蔬菜还会受到种植过程中一些因素的影响。如农药污染，施粪尿肥会使菜上沾染寄生虫的卵。因此，在切菜前一定要把蔬菜放在水中浸一段时间，以便减少蔬菜中农药的残留量。同时，一定要把菜洗干净，特别是蔬菜叶片下部，接近根部处，有时会附有虫卵，只有洗涤干净了，吃后才不会影响人体健康。

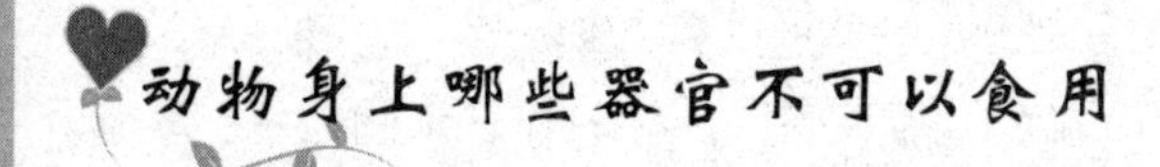

动物身上哪些器官不可以食用

现代医学研究表明，在禽、畜、鱼的肉类中有200多种能够传染给人的病菌、病毒及其他有害物，特别是禽、畜、鱼体中一些具有正常生理功能的器官，也会影响人体健康，甚至产生疾病。由此可见，了解动物身上哪些器官不可以食用，对我们的身体健康无疑是十分有必要的。

畜的“三腺”：猪、牛、羊等动物的“三腺”，指的是它们身上的甲状腺、肾上腺、病变淋巴腺。甲状腺俗称为“粒子肉”，它位于胸腔入口处的正前方，与气管的外侧面相连，是成对器官，其重量一般在3克以上，主要成分为甲状腺素和三碘甲状腺原氨酸，人吃了以后会引起甲状腺功能亢进，如头晕、头痛、恶心、呕吐，严重的还会出现手指震颤，精神失常。肾上腺俗称“小腰子”，位于肾的前端，呈褐色，含有肾上腺素，食后可引起头晕、呕吐、腹泻、手麻、心悸等，严重者出现瞳孔放大，面色苍白等。病变淋巴腺俗称为“花子肉”，多在腹股沟、肩胛前和腰下等处，呈圆形，里面含有多种致病微生物，人吃了以后患多种疾病。

鸡的“尖翘”：鸡尖翘即指鸡屁股，学名腔上囊。因为这个部位是淋巴腺最集中的地方。由于淋巴腺中的巨噬细胞具有很强的吞噬病菌病毒的能力，即使是致癌物质如多环芳烃等，巨噬细胞也能吞食，并且贮存在囊内，

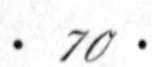

不能将其分解。所以鸡尖翘成了贮藏病毒和致癌物的“仓库”，人若吃了就容易感染疾病。

兔的“臭腺”：兔子体内有3对腺体，其味极臭，一是白色鼠鼷腺，雄兔的位于阴茎背两侧皮下，近圆形，较小；雌兔的位于阴蒂背两侧皮下。二是褐色鼠鼷腺，紧挨着白色的鼠鼷腺。三是直肠腺，位于直肠末端两侧壁上，呈长链状，若不摘除其味极臭。

羊的“悬筋”：羊悬筋又名蹄白珠，是羊蹄内发生病变的一种病毒组织，一般为串粒形成圆粒形，必须摘除。

鱼的“黑衣”：鱼腹内两面的一层黑膜衣，为鱼体中最腥，泥土味较浓的部位，且含有大量的组胺、类脂质及溶菌酶，误食组胺会引起恶心、呕吐、腹痛等症；溶菌酶则对食欲有抑制作用。

鲤的“臊筋”：鲤鱼两侧的皮内各有一条类似白线的筋，它属于强化性物质而且臊腥味极重，所以应摘除。

海带——大海的“珍宝”

大海就像一个神秘的宝库充满了各种各样人们需要的珍宝。在大海蕴藏的众多宝贵物品中，海带以其独特的魅力赢得了人类的瞩目。海带魅力的具体表现为：

营养价值极高。海带几乎蕴藏着人体需要的所有养分，特别难得的是其拥有对人体生命活动与健康有着特别贡献的物质，而这些物质在普通的食物中含量甚微或根本没有。以蛋白质为例，蛋氨酸、胱氨酸等必需氨基酸是肉类、豆制品的好几倍；矿物质含量高达20%～40%，钾、铬、锡、镍等人体必需的微量元素应有尽有，陆地上的粮食、蔬菜、禽畜肉类根本无法与之比拟。有“生命元素”之称的钙，一个人只要坚持每天吃海带80克，即可获取钙600毫克，就会满足人体一天的生理需要量。至于具有健脑益智功效的牛磺酸——碘元素含量更为喜人，它仅次于母乳，特别有助于儿童的智力发育。

强身健体。海带含有以下几种抗病成分：褐藻酸，可抑制人体对锶、铝、铅等有害金属的吸收，有利于特殊职业人群的劳动保护，并能降低胆

固醇，免受血管硬化及冠心病之危害；硫酸多糖，乃人体对抗高血压与恶性肿瘤的“秘密武器”；还有一种是二十碳五烯酸，这是一种不饱和脂肪酸，既能降低胆固醇，又可阻止血栓形成，清除心肌梗死的隐患，乃心脏病人的最佳保健品。

海带既可自成一体，又能“甘当配菜”。清炖海带就是一道颇有吸引力的好菜，还有日本人誉为“长生不老的妙药”——海带豆腐。豆制品是众所周知的好食品，它因含有一种能阻止过氧化脂质产生，抑制脂肪吸收并促进其分解的物质——皂角，受到营养学家的赞许，但皂角亦可加快碘元素的排泄，从而使人体遭受缺碘的危害。而海带所含丰富的碘恰能补救这一缺陷，使其臻于完美。

海 带

在此要提醒大家注意的是，由于海水受污染，海带在食用前要加水浸泡：在温水中泡 24 小时，勤换水，就可安全食用了。

防癌妙法——生吃萝卜

癌症是一种时时刻刻威胁着人们生命安全的疾病，因此，大部分人都是“谈癌色变”，尤其是胃癌以及食管癌。目前，我国在某些胃癌和食管癌高发的地方，正大力推行着一种简便的防治办法——生吃萝卜。生吃萝卜可以防癌，这是我国科研人员 10 多年研究所取得的一项科研成果。

干扰素是目前临床上用来对付癌症和病毒感染的有力武器之一，人体内本身的白细胞能制造出干扰素。科学家们发现通过外源性的干扰素诱导剂，可以增强人体制造干扰素的能力。中药黄芪即是已被确认的一种有良好提高白细胞产生干扰素能力的干扰素诱导剂，还有注射聚肌胞也是具有干扰素诱导剂作用的药物。但是，人们不可能天天吃黄芪、注射聚肌胞，并且它们还有副作用。和这些方法相比，最安全可靠的方法就是通过日常的食物去摄取干扰素诱导剂。经过研究，科研人员发现近10种蔬菜含有干扰素诱导剂的成分，而名列榜首的则是萝卜。

萝卜中含有一种名叫双链核糖核酸的活性成分，其进入人体后能刺激白细胞产生干扰素。大量的实验表明，它对胃癌、食管癌、鼻咽癌和子宫颈癌的癌细胞有明显的抑制作用。

美中不足的是，萝卜中的这种活性成分很不耐热，如经过烹调时加温会遭受破坏，而它对口腔中的核糖核酸酶有较好的耐受性，不易被降解。所以，吃的时候，将萝卜洗净，最好削去外皮，用凉开水冲洗后生吃，吃时细嚼慢咽，吃后半个小时不要进食其他食物，以防萝卜中的有效成分受到破坏或影响吸收。这样，既可防癌又增加营养，可谓两全其美。

猪血的营养价值

众所周知，猪肉是美味又营养的食物，但是，却很少有人知道，猪血的食用价值并不比猪肉低。在猪血中含有丰富的蛋白质和铁、钾、钙、磷、镁、锌、铜等10余种微量元素，其可谓物美价廉的营养食物。

猪血中含有大量的血红素铁，平均每100克猪血中含铁45毫克，且易于被人体吸收，可作为缺铁性患者的重要食疗补品。目前，智利已经用猪血粉消灭了贫血病。在我国，儿童患缺铁性贫血的比例较高，有些地区甚至高达50%以上。因此，猪血作为药膳更有其实用价值，值得大力提倡。

猪血凝块，俗称血豆腐，蛋白质含量高达28.9%，是猪肉蛋白含量的4倍，是鸡蛋蛋白含量的5倍。猪血所含的蛋白质质量也较好，不但含有人体必需的几种氨基酸，而且其中赖氨酸的含量也较为丰富，可以弥补某些谷、豆类食品蛋白种类的不足。多食用猪血，能补充人体蛋白质，提高免疫功能，有利于增强体质，防止疾病。猪血中所含的锌、铜等人体必需元素，可以防治微量元素的缺乏症。

猪血血浆蛋白经人体胃酸和消化液中的酶分解后，能产生一种具有润肠作用的物质。这种物质与侵入胃肠的粉尘、有害金属微粒发生化学反应，使之随柏油状猪血铁质稀便排出体外。我国民间就有灌服新鲜猪血抢救误

服毒物者的习俗，常接触尘埃、煤烟、金属粉尘的人，如从事纺织、化工、煤矿、钢铁等职业的人，可常吃猪血，以净化肠内污浊。

血豆腐

由于猪血营养价值高，加之资源丰富，近年来，欧美及日本等国已经将猪血广泛地运用于食品，但是在我国，对猪血的利用却远远不够。如果能把猪血粉加入到面包、糕点、饼干之中，这样既可增添食物的营养价值，又可饱口福，可谓一举两得。

怎样喝水对身体有益

一个健康的成年人，每天所需要的水分为2.5千克左右。因此，我们要想身体健康就要养成天天喝水的习惯。喝水也有一定的讲究与学问，很多人只有在渴的时候才喝水。然而，这样做是不对的，因为渴是人体缺水的一种信号。等到人体已经缺水时再补充水，实际上已经晚了一步，不如正需要水的时候就供应上。这样，就要求人们每天早晨和每顿饭之间喝一些水，来保证人体生理代谢的需要。

喝　水

不少人有在饭后大量饮水或喝茶的习惯，这从生理上来讲对身体是不利的。人刚吃过饭，胃部处于膨胀状态，马上再喝进去大量的水分，会加重胃的负担，也会冲淡胃液，不利于食物的消化吸收。至于每个人一天内的饮水量多少，要随身体活动量的大小和气候变化的情况而定，如干重活或天热出汗多时，应该多喝些水，水里最好再稍加点盐，以便在补充水分的同时再补充些因出汗而损失的盐分，有助于保持体内水盐代谢的平衡。

定时定量吃饭的好处

青少年处在长身体阶段，活动量大，热量消耗多，所以饭量也大，必须通过饮食获取足够的营养，保证身体的生长发育。但是，一日三餐必须要定时、定量，食物中的营养才能被充分消化、吸收和利用，维护身体健康。如果吃饭不定量，饱一顿，饥一顿，或是平时爱吃零食，打乱正常的饮食规律，就会影响食欲，损害身体健康。

当我们的消化器官长期有规律地进食就会形成条件反射，每天按时活动和休息，就像我们按时上课下课、吃饭、睡觉一样。如果不按时吃饭，就会破坏消化系统的正常工作，不利于食物的消化和吸收。每餐饭要定量，不宜吃得过饱，一般只要吃到八分饱就可以了。吃得过饱，食物积聚在胃肠内，不能及时消化，不但增加肠胃的负担，还会影响下一顿的食欲。但长时间过饥，身体各器官不能及时得到需要的营养，也会有害健康。

最合理的饮食标准是：早餐饱，午餐好，晚餐少。早餐吃得饱，是因为早饭距离上一顿饭约有 12 个小时，胃肠内已空。只有吃早饭，才能提供足够的热量和营养，保证上午精力充沛、学习效率高。因此，吃饱吃好早餐，对同学们健康成长是至关重要的。午餐要吃好，以维持和保证一天的活动。晚饭后是休息时间，体内消耗热量少，吃得太饱会加重心脏的压力，影响睡眠，还会使营养过剩，导致肥胖。

吃 饭

由于青少年运动量比较大，能量消耗也大，常常还不到开饭时间已饿得肚子咕咕叫了。于是一开饭便狼吞虎咽地吃起来。这其实是一种不好的饮食习惯。吃饭要细细嚼，慢慢咽，才容易被肠胃消化吸收。

此外，青少年还应克服一些不良习惯，如用开水或汤泡饭吃，边吃饭边看电视或看书，饭前饭后做剧烈运动，偏食等。俗语说“病从口入”，我们只有纠正这些不良习惯，养成好的饮食习惯，才能为身体提供足够的丰富的营养，保证健康成长。

吃甜食要选择适当时间

有些人喜爱吃甜食，营养专家认为，吃甜食应选择最佳时间，否则对身体有不利影响。甜食是指含糖的带有甜味的日常食品、饮料、汤料等。什么时间吃甜食最好呢？

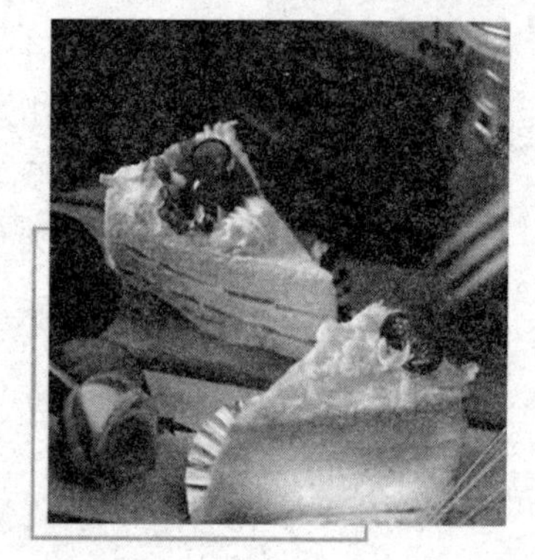

甜　食

（1）体育运动之前。在体育运动时，需要付出大量体力，消耗较多能量，但运动前不宜吃得太饱。所以，此时如果能吃一点甜食，刚好可以迅速地提供人体所需的能量。

（2）疲劳饥饿时。此时，人的体力过量消耗，体内能量不足，甜食中的糖会比其他食物更快地被吸收入血液，提高体内热量，迅速补充体力。

（3）头晕恶心时候。此时，人的体制较弱，吃些甜食可提高血糖，增强抗病能力，有益于健康。

（4）呕吐或者腹泻时。病人的肠胃功能紊乱，有脱水症状，此时，适合吃一些流质食物，饮用一些加盐糖水，有利于身体恢复。

在此还要提醒大家的是，饱餐之后应尽量避免吃甜食，以免能量过多，促使体重增加，而且过多的糖长期刺激胰岛分泌而使其衰弱，可能诱发糖尿病。

根据性格调整饮食

每个人都有自己的性格，有的开朗、大方、热情，有的孤僻、暴躁、害羞。随着现代医学研究的深入发展，科学家已经发现人的性格与饮食存在着微妙而密切的关系。据美国科学家的一项研究表明：很多性格上有弱点的人，可以通过日常饮食的慢慢调整，逐步加以纠正，就能塑造健康而良好的性格。

情绪不稳定的人宜补钙。营养学家研究发现，女性的性格时常波动且不稳定，在出现这些情况时，可以多吃富含钙、磷的食物，比如牛奶、鸡蛋、海鱼、大豆、花生、栗子、菠菜、葡萄、杏仁等。因为，补钙和磷，有利于维持和调节神经组织和脑组织的正常功能，进而消除情绪不安倾向。

时常发怒的人宜补钙质和维生素B。医学研究揭示，维生素B参与人体内多种酶的反应，是蛋白质、糖和脂肪酸代谢、能量的利用与组成中所必需的物质。如果人体内缺乏维生素B，其性格就显示出愤怒、脾气暴躁，而且嫉妒心强。因此，时常发怒的人除多吃含钙质的食物外，还应多吃富含维生素B的食物，如动物肝、心、肾等内脏，蛋黄、海产品、黄绿蔬菜和新鲜水果。另一方面，由于大脑缺乏维生素B，一些人终日喋喋不休，每天则应饮用牛奶和蜂蜜，改善情况。

科学家通过研究分析，认为干事情虎头蛇尾，不能持之以恒的人，主要是因为体内缺乏维生素A和维生素C所致。因此，这些人可以多吃些动物肝、乳脂、蛋黄、胡萝卜、辣椒、苜蓿、南瓜、鱼肝油、油菜、芹菜、西红柿、杏、柿子等，以摄取足够的维生素A和维生素C，干事情就有劲头。而待人冷漠、不善交际的人，可以少饮点酒，多饮用果汁加蜂蜜，对其改善性格有益。

大蒜的功用和蒜臭

世界一些国家同中国一样，从很早就用大蒜防病治病。据历史学家希罗德考证，古埃及在建造金字塔时，为了防止数以万计劳工生病，负责这一工程的僧侣曾花1600块金子购买了大批蒜头和葱头，给劳工食用。在中古时期，欧亚地区一些名医曾用大蒜治疗黄疸病和防治瘟疫，人们喜欢大蒜，有的国家还有大蒜节，或者专门的大蒜集市。但是，人们对大蒜的作用至今未能全部挖掘出来，对于大蒜成分也未完全分析认识清楚。

为了科学地论证大蒜的治疗作用，德国曾经举办过一次国际大蒜研讨会，有世界各地80多位专家参加。德国萨尔大学的基斯维特博士在大会上介绍说，他从3项试验中，证实大蒜有助于溶解血凝块，可以控制血压，因此认为把大蒜粉放在胶囊里服用，可以减少心脏病、中风和血栓的危险。

慕尼黑大学理疗系的厄思斯博士经过长期试验，证实低热量的饮食加上每天服用600毫克蒜粉，可降低胆固醇，也可降血压，不少专家还列举事实，说明大蒜可以遏制细菌。

大 蒜

至于吃了大蒜如何消除口臭，一些专家提出可喝牛奶、咖啡等。有人建议把大蒜磨成粉，放在胶囊内服用可无臭味。

据报道，日本曾有人研究并生产出无臭大蒜投入市场，反应并不甚佳，因为大蒜失去了臭味，也就失去了诱人的魅力。

香油的“特异功能”

香油，又叫麻油，是家庭日常生活中必不可少的调味品。医学专家经过研究和临床试验后发现，香油还具有治疗种种疾病的功能。如果你患有以下病症，请你不妨采用香油疗法试一试。

香油是不饱和脂肪酸，在人体内极容易分解、利用和排出，能促进胆固醇代谢，清除动脉血管上的沉积物，消除皮肤老年斑。故医生称它为动脉血管内的“清道夫”，是引起动脉硬化的高密度脂蛋白的“大敌”。

患有肺气肿、支气管炎的人，如果在临睡前喝口香油，第二天早晨起床后再喝一口，当天咳嗽就能明显减少。要是能天天坚持喝，咳嗽慢慢就能好起来。

香油有去腐生肌的功能，牙周炎、口臭、龋齿、扁桃体炎、妇女怀孕由于雌性激素紊乱引起的牙龈出血等，含一口香油就会有意想不到的效果。

香油能增加声带弹性，使声门张合灵活有力，对教师、演员、翻译等声带疲劳、声音嘶哑、慢性喉炎有良好的恢复作用。在登上舞台前喝一口能使嗓音变得更加圆润清亮，增加音波频率，发音省力，延长舞台耐受时间。

香油是食道黏膜理想的保护剂，大人小孩不慎吞下鱼刺、枣核、鸡骨头等异物，喝口香油能使异物顺利地滑过食道，防止和减少锐性损伤。人一旦误服滚烫食物、强碱、强酸后，如立即喝口香油是最及时的自我急救措施，为下一步的专门治疗开个好头。晚期食道癌以及食道狭窄进食困难的病人，把香油调以各种各种维生素或者某些药物饮用，可延长病人存活时间。患慢性食道病和有吞咽痛苦的人，饭前饭后喝点香油肯定大有好处。

一时难以戒烟的人，经常喝点香油，可减轻香烟对牙齿、牙龈、口腔黏膜的直接损伤，改变口味重、难闻的气味，减少肺部烟斑的形成，部分阻滞尼古丁的吸收，使之粘附在香油层中随痰液咳出体外。

喜爱烈性酒的人，喝点香油同样可以保护口腔、食道和胃部黏膜。

干面包如何回软

面包是一种美味且营养的食物，尤其是在早餐的时候，如果能吃上一片松软的面包，一整天都会精神奕奕。不过，如果面包放的时间长了，就会变得很硬。此时，是不是就该要将硬面包扔进垃圾桶里呢？其实，只要方法得当，我们完全可以将硬面包变回原来又松又软的模样。

在蒸锅里倒进小半锅温开水，再放点醋，把面包搁在屉上，稍蒸，盖严，经一夜（八九个小时）时间，面包就软了。如果没有蒸锅或者出差在外，可以把干面包用原来的包装蜡纸包好；再把几张浸透水的纸叠在一起，包在包装纸外层；装进沾了水的塑料袋里，把口扎牢，过一夜就回软了。

面　包

其他易干燥食品的回软，都可参照此方法。

另外，面包或其他糕点类如放入饼干桶内，可先在桶底码放一层梨，上面放上糕点或面包，盖严桶盖，桶内食品可以较长时间保持一定湿度，味道不变。

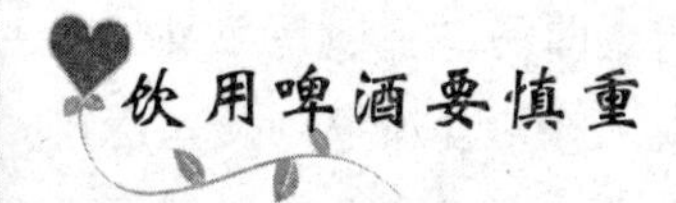

饮用啤酒要慎重

如今，越来越多人喜欢在夏天喝啤酒，有些青少年也加入喝啤酒的行列中。有些家长甚至还鼓励孩子喝啤酒，认为啤酒酒精低，喝一些不会影响身体健康。其实不然，因为通常喝啤酒的量比喝烈性酒的量多好几十倍，酒精实际摄入量很大，可产生与烈性酒相似的效果。

如果喝啤酒不加节制，长期过量饮用或狂喝滥饮，同样会导致酒精慢性中毒。大量饮用啤酒，可加重心脏、肝脏和胃肠道的负担，会对人体的胃肠、心脏、肝脏及肾脏造成不良影响，从而导致一些疾病的发生。经常喝啤酒的人，心脏收缩功能减弱，心肌肥厚，可导致“啤酒心”，加速心脏衰竭。长期饮用啤酒，还容易引发酒精性肝炎、肝硬化。另外，大量饮用啤酒会减少胃黏膜合成前列腺素 E，使胃酸对胃黏膜刺激增强，易发生胃炎、十二指肠炎或胃溃疡，特别是慢性萎缩性胃炎患者，由于其本身合成前列腺素 E 的功能就比较低，所以大量饮用啤酒后会出现上腹胀满、烧灼感和食欲不振等不适。

啤酒中还含有钙、草酸和鸟嘌呤核苷酸，大量饮用后会使人尿的尿酸含量增加 1 倍，从而增加患泌尿系统结石的机会。虽然近年来啤酒的纯度在不断提高，啤酒中的污染物和致癌物含量有所下降，但仍然有一定量的污染物和致癌物存在。啤酒中还含有一定剂量的铅。铅主要来自于啤酒原料本身和制作过程中金属器皿的污染，人体如果过多摄入铅，就会抑制人体对钙、铁、锌等营养元素的吸收和利用，还会使神经系统、造血器官和肾脏受到损害。另外，啤酒中亚硝胺的含量也比其他饮料高得多，过量饮用啤酒，亚硝胺就会在体内大量聚积，使患口腔癌和食道癌的危险性增加。

如果过量喝冰镇啤酒，危害就更大。冰镇啤酒的温度较人体温度低很多，大量饮用会使胃肠道的温度急速下降，血流量减少，从而造成生理功能失调，并影响消化功能，严重时会引发痉挛性腹痛和腹泻、急性胰腺炎等危及生命的急症。

喝茶需要注意的问题

喝茶是我们中国人的传统习惯，很多青少年受家人的影响，也喜欢喝茶。适当的喝茶不仅可以让我们一整天都精神焕发，还对身体健康十分有益。不过，有些人的喝茶习惯不仅不能达到怡情、养生的目的，还有可能影响到健康。想要让茶在我们生活中发挥最大的优势，就要注意以下几个问题。

不要饭前喝茶：饭前喝茶不利身体健康。因为饭前喝茶会冲淡唾液与胃液，使肠胃消化吸收蛋白质的功能下降。

不要饭后喝茶：饭后立即喝茶，茶中的鞣酸会与食物中的蛋白质、铁质发生凝固反应，从而影响人体对蛋白质和铁质的消化吸收，不利身体健康。

不要空腹喝茶：有些人一大早起床后，便空腹饮茶，这对脾胃有损害，所以不宜空腹喝茶。

不要睡前喝茶：睡前不宜喝茶。茶叶中含有咖啡因、茶碱和可可等，都具有较强的提神兴奋作用。如果睡前喝茶过多，势必引起神经兴奋，还会增加小便次数，从而影响睡眠质量，甚至还会导致失眠。特别是患有神经衰弱、消化性溃疡、冠心病、高血压的老人不要睡前喝茶。

不要过量喝茶：喝茶不宜过量。过量喝茶会使人体钙质损失较多，久而久之，会因缺钙而导致骨质疏松症。一般说来，每天用350毫升的杯子喝5～6杯茶即可。

不要常喝新茶：不宜常喝新茶。新茶是指摘下不足1个月的茶，这种茶形、色、味上乘，品饮起来确实是一种享受。但这种茶叶因为没有经过一定时间的放置，存在一些对身体有不良影响的物质，如多酚类、醇类、醛类等物质还没有被完全氧化。如果长时间喝新茶，有可能出现腹泻、腹胀

等不适。新茶中还含有活性较强的鞣酸、咖啡因等，过量饮新茶会使神经系统高度兴奋，容易产生四肢无力、冷汗淋漓和失眠等“醉茶”现象。

不要多喝浓茶：浓茶中的咖啡因、茶碱、鞣酸含量较多，多喝浓茶可导致失眠、头痛、耳鸣。同时，茶的抗菌作用也随着浓度的增加而降低。年老体弱的人过多饮用浓茶，容易诱发心脏病、肠胃病等。所以，喝茶应以清淡为佳。

喝 茶

不要用喝茶代替喝水：有些便秘患者，医生嘱咐平时要多喝水，有喝茶习惯者便以为茶同样也是水，于是就猛喝浓茶，这样做是错误的。因为茶叶中含有大量鞣酸，鞣酸有很强的收敛作用，会影响胃肠的蠕动，从而加重便秘症状。

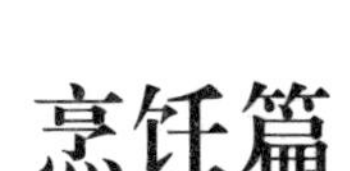

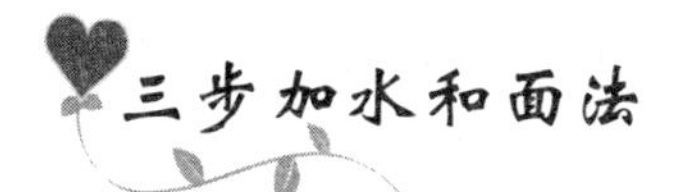

和面是一件很简单的工作，只要你认真学习很快就能学会。下面就为大家介绍正确的和面方法：

和面时不能一次将水加足。面粉倒在盆里或面板上，中间扒出一个坑，将水徐徐倒进去，用手慢慢搅动。待水被面粉吸干时，用手反复搓拌面，使面粉成许许多多小面片，俗称“雪花面”。这样，既不会因面粉来不及吸水而流得到处都是，也不会粘得满手满盆都是面糊。之后在向“雪花面”上洒大约50克水，用手搅拌，使之成为一团团的疙瘩状小面团，称“葡萄面”。此时面粉尚未吸足水分，硬度较大，可将面团捏成块，将面盆或面板上粘的面糊用力擦掉，再用手蘸些水洗去手上的面粉洒在“葡萄面”上，即可用双手将“葡萄面”揉成光滑的面团。

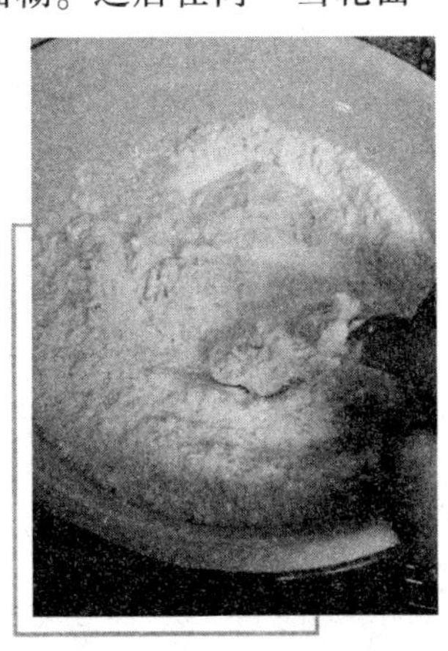
和　面

此种和面法叫“三步加水法”，可使整个和面过程干净、利索，达到“面团光、面盆光、手上光”的效果。

蜂蜜发面的小方法

一般发面都用老面肥、鲜酵母等为发酵剂。如果没有这类发酵剂，则可用蜂蜜代替，具体的操作方法如下：

将用来作发酵剂的蜂蜜倒入和面水内，每500克面粉加水大约250克、蜂蜜2茶匙。用水要依气候条件掌握，夏季用冷水，其他季节用温水。如果用水量掌握不好，可把蜂蜜直接加入面粉中。

面团要揉匀，宜软不宜硬。揉好后置盆内，上盖湿布，放在较温的地方，令其发酵大约4~6个小时，待面团胀发到原来的2倍时，就可使用了。如果闻到面团有酸味，则可加适量碱水，揉匀后再使用，以免蒸好的食物有酸味。

用蜂蜜发酵的面粉，蒸出来的馒头松软清香，入口回甜，效果很好。

呆面与酵面的种类与调制

中国人喜欢吃面食，也擅长做面食。在众多的面食中，一种是不经过发酵的呆面制成，另一种则是由经过发酵的酵面制成。下面就为大家分别介绍呆面和酵面的种类与烹制调制方法：

呆面俗称“死面”，只将面粉与水拌和揉匀就行。由于调制时所用热冷水不同，又分开水面与冷水面。

（1）开水面。又称烫面，用开水拌面粉调制成，而特点是性糯劲差，色泽较次，有甜味，适宜制作烫面饺、烧麦、锅贴等。

制作方法：将面粉倒入容器内，中间扒开个坑，把开水冲下，用棍棒将水和面粉拌和，再用手搓透，一般须冷却后才能制皮。掺水应分几次进行，要倒得准，500克面粉加开水约350克。

（2）冷水面。冷水面就是用自来水拌制的面团，有的加入少许盐而成。其成品颜色洁白，面皮有韧性和弹性，可做各种面条、水饺、馄饨皮、春卷皮等。冷水面掺水比例约2：1，即500克面粉掺200～250克水。

发酵就是让酵母在面团里发生作用，产生二氧化碳，形成许多微孔，致使面团松软。酵面食品吃起来既松软醇口，又易被人体所消化吸收。

酵面按不同的调制方法可以分为：

（1）大酵。即是已发足的酵面，待老酵和面发足后适当加碱即成。大酵性软，发头足，用途广，如做多种包子、各式花卷、发面饼等。

（2）嫩酵。是没有发足的酵面，性韧。

（3）抢酵。是老酵与呆面对半，加碱而成，这是一种在急需时采用的发酵法。

（4）烫酵。用开水和成，色泽差，性糯软，宜用于做煎、烘面食，如做大饼、生煎馒头等。

（5）急酵。利用化学药品来发酵，可现揉现制，适宜做开花包子。

（6）油条酵。一种是用盐、明矾、碱，另一种用盐、苏打来发酵。

淘米中的科学

米是我们日常的主食，吃米饭要把米淘洗干净，洗去米中的杂物及残存的农药。但淘米却会使维生素遭到损失，因为很大一部分维生素和矿物质是含在米的外层。据试验，米经过一次淘洗，可以损失蛋白质4%、脂肪10%、无机盐5%，可想而知，淘洗两三次，其损失量就相当大了，如果再用力搓洗，则损失更大。

因此，我们在淘米的时候，可以试着用开水淘米，这样米的营养损失要比用温水减少20%左右，所以科学、合理的淘米方法还是使用开水淘米。

淘 米

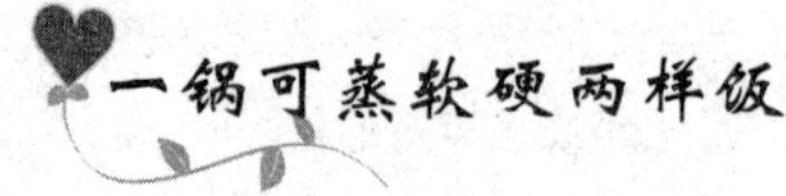

一锅可蒸软硬两样饭

一般年轻人都喜欢吃硬米干饭，而老年人则因牙口不好而喜欢吃软米干饭，如果两代人同在一个饭桌吃饭，这个矛盾应该怎么解决呢？下面介绍一个小窍门，一锅可蒸软硬两样饭，便解决了这个问题。

这种饭要采用高压锅来做。先将淘洗干净的米放入高压锅内，加入适量的水，然后将米推动，让它只在锅的一边，可使米堆的最高处与水面相平，再盖上锅盖，其他做法与普通米饭做法相同。米饭蒸熟后，会出现这样的情形：米多的一面是硬干饭，水多的一面是软干饭，而中间则是不硬不软干饭。两代人各得其食。

焦饭去糊味的小妙招

如今，人们煮饭大多使用简单、方便的电饭锅或者高压锅。不过，不管煮饭变得如何方便，还是无法避免米饭烧糊的尴尬。那么，在米饭烧糊了之后，是不是就意味着要饿肚子了呢？当然不是，因为我们有很多去除米饭糊味的小妙招：

（1）煮饭火过大容易糊，饭糊了产生一种难闻的焦味，将火及时停掉，取一杯冷水置于锅中，仍将锅盖盖上，过一会儿，糊饭的焦味就会被水吸收。

（2）饭烧焦了，可将小块木炭烧红，盛在碗中放入锅内，将盖盖好，10 多分钟后揭锅将炭碗取出，焦味就可以消失。

（3）当饭串烟时，把一根约 5 厘米长的葱插入饭锅中，再盖上锅盖，片刻，串烟味就会消失。

（4）饭有了焦味，不要搅拌它，将饭锅放于潮湿处，10 分钟后，烟熏味就会消失。

（5）米饭若烧糊了，赶紧将火关掉，在米饭上面放一块面包皮，盖上锅盖，5 分钟后，面包皮即可把全部糊味吸收。

包饺子的窍门

相信大家听过“好吃不过饺子”这句话，其实，饺子好吃与否完全取决于饺子馅的味道。下面就为大家介绍如何调制出好的饺子馅。

在调制饺子馅时，要注意往肉馅里“打”水，要徐徐加水，并用筷子朝一个方向搅动，待肉馅比较稀时，再放盐。馅的瘦肉多，可多放水，肥肉多宜少放水，因为肥肉吃水少。蔬菜剁好后如果有汤，可挤一挤，不要让饺子出汤，一出汤就跑味了，也不好包。剁好的菜和肉馅放到一起后，不要多搅，搅多了也会出汤。出汤后，可掺些干面，也可放到室外冷一冷，油脂一凝，就稠了。

饺 子

节日期间，有的家庭可以尝试一下“翡翠饺子”。做法和普通饺子一样，只是在和面时掺菠菜汁，或油菜汁。精白面加菜汁，煮熟后饺子皮洁白中带有淡淡的绿色，颇似翡翠，使美味的饺子更加诱人。这种饺子不宜大，要小而精。

快速煮饺子的方法

逢年过节每家每户都要吃饺子，但是如何在亲朋相聚人多的情况下，又快又好又多地煮出饺子，让大家同时就餐呢？下面向大家介绍如何在人多的时候，快速煮出美味饺子的方法：

用直径 26 厘米的高压锅，加半锅水，水开后即可下饺子，最多一次可放 100 个饺子，饺子下锅后，用手勺朝一个方向轻轻推动一下饺子，以防粘锅；然后盖上锅盖，但不加限压阀四五分钟，从排气孔冒出略带水珠的蒸

气时，将锅离火，使其自然降压，待排气孔不再冒气时，即可开盖捞出水饺，然后再煮下一锅。

煮饺时要注意：

（1）一次放饺子的数量要根据锅的大小和炉火的情况而定。如果火不旺，则应适当少放，否则饺子煮的时间长，皮易破。

（2）水多饺少煮得快。如果有其他酒菜，可不必一下子上很多饺子，应每次少下些。

（3）开锅盖时，一定要等到排气孔不冒气，这样既可增加饺子煮的时间，又可避免开盖时汤溢出锅外，烫着人。

在此要提醒大家的是，在和饺子面的时候，最好适量加点儿食盐，以增加饺子皮的耐煮力。此法不但适合吃饭人多的家庭，也适合顾客不多的小饭馆，既快速方便，又节省能源。

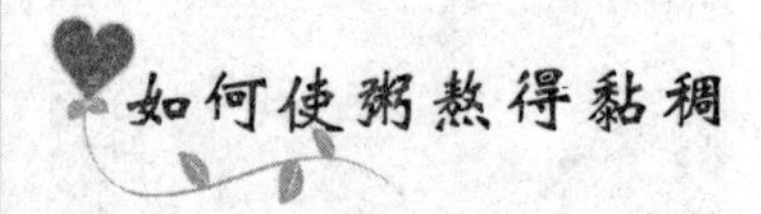

如何使粥熬得黏稠

粥是中国人餐桌上的常客，尤其是在早餐或者晚餐的时候，一碗黏稠的粥，配上一叠咸菜，既养生，又美味。那么，如何熬出一锅黏稠的粥呢？

要熬出黏稠的粥，就要在水开时下米，因为这时下米，由于米粒内外温度不一，会产生应力使米粒表面形成许多微小裂纹。这样，米粒易熟，淀粉易溶于汤中。下米后，用大火加温，水再沸，则将火调小，以使锅内水保持沸腾而不外溢为宜（如用高压锅则不存在汤水外溢问题）。要想使粥黏稠，必须尽可能让米中淀粉溶于汤中，而要做到这一点，应该加速米粒之间、米粒与锅壁之间的摩擦和碰撞，以及水与米之间的摩擦，即加强“三摩两撞”。因此，必须使粥锅内水保持沸腾。煮粥全过程均需加锅盖，这样既可避免水溶性维生素及某些养营成分随水蒸气跑掉，又可减少煮粥时间，煮出来的粥也好吃。

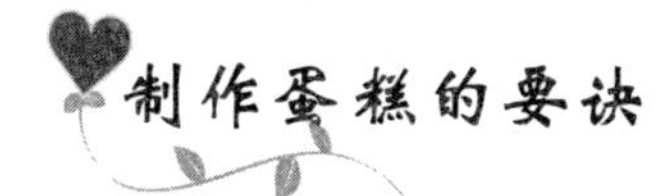

制作蛋糕的要诀

蛋糕是一种美味且营养的糕点，但是多数人吃蛋糕要从蛋糕房购买。其实，只要掌握了做蛋糕的方法，自己动手，做出的蛋糕干净又好吃，丝毫不亚于蛋糕房的产品。下面就为大家介绍在家制作蛋糕的方法：

（1）准备面粉500克，鸡蛋10个，白糖500克（不喜甜者可少加），温水约100克，香精少许。

（2）将鸡蛋打入容器内，加上白糖、温水（70～80℃），搅拌均匀，用竹筷朝一个方向搅打20～30分钟，至蛋液呈乳白色泡沫状，体积膨胀为原来的1.5倍时，将面粉筛入蛋液内（为了使面粉蓬松、增加气体），轻轻搅拌，至成为稠糊状为止，但搅拌时间不宜过长，以防止形成面筋，影响蛋糕起发。

将蛋糕模具刷上油（如无正规模具，可用浅底碗或大酒盅代替），注入八成满的蛋糕糊，上笼蒸或入烤箱烤熟均可。一般经10～20分钟蒸（烤）即可。

家庭制作蛋糕虽然并不困难，但是，在制作过程中却有很多问题需要注意：

（1）原料和容器不要与油、盐及碱接触，否则蛋液会起泡，成品不膨松。

（2）蛋液要充分搅打，以使空气均匀地混入蛋液之中，成品的膨松性方理想。否则，蛋液中的气泡少、不均匀，成品则体小质硬。但打蛋液时间又不可过长，否则蛋液发泻，黏稠性降低，胶质体发生变化，蛋液中的空气还会跑掉，成品也不会膨松（遇到这种情况，可加少许小苏打进行补救）。

（3）要掌握好打蛋液的温度。如果气温在20℃以下时，打蛋液的时间要略长些，亦可加温水升温。如果气温在20℃以上时，打蛋液的时间可略短些，也不要加太热的温水。总之，温度高，糖、蛋混合液乳化的程度大，打蛋的时间短，效果也较好。

煎荷包蛋的妙法

在我们的早餐中如果能有一个煎好的荷包蛋，那么，我们很可能一整天都会充满活力。那么，如何才能煎出美味又漂亮的荷包蛋为早餐加油呢？

首先，将洁净的炒锅置中火上烧烫，放少量油，之后再打入一个鸡蛋，待底层起皮，成荷包形，两面煎成嫩黄出锅。此时，荷包蛋里面大部分是生的，只有外表呈固体状，放入另一只早已准备好汤水的锅子里小火加热。如此，荷包蛋一一煎完（不断地煎蛋，就要不断地加入少量油），陆续放入汤锅里，汤锅端至旺火上，加入适量葱花、绍酒、食盐，沸后改用小火，约5分钟，用手指揿荷包蛋，硬则为熟。

好的荷包蛋的其特点是色泽嫩黄，不焦不生，省时省力。

荷包蛋虽小，可是要煎好荷包蛋的需要注意的问题可不少：

（1）荷包蛋煎好1个，就用漏勺带出1个，放入汤锅里。不能放入另外无汤的盛器里，否则因积压而使表皮破裂、生蛋黄流失。

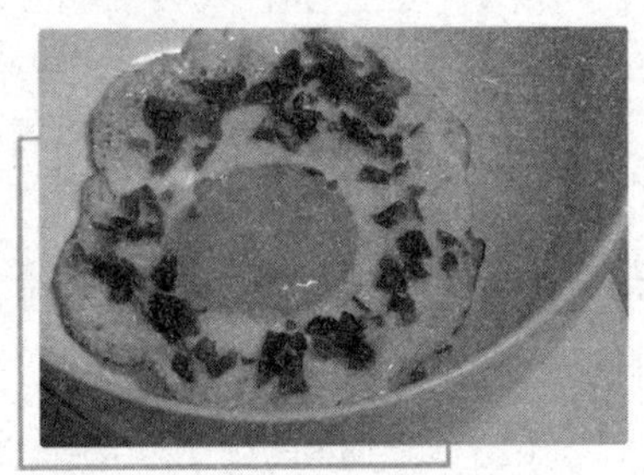

煎　蛋

（2）荷包蛋量多的话，汤锅要大一点，锅底最好垫几张菜叶，避免粘底。汤水不能太紧也不要过宽，其量与鸡蛋要有适当的比例。

原来的做法是只煎不烧，现在改用煎烧同时进行的烹调方法，可以大大缩短烹调时间。

咸鸭蛋的几种风味吃法

咸鸭蛋是人们家庭中喜爱的食品之一，但我们吃咸鸭蛋除了煮食以外，还会其他的吃法吗？下面给你介绍三种风味吃法，不妨一试。

（1）将咸鸭蛋放在煮粽子的锅里煮，粽叶的清香进入咸鸭蛋之中，食中清香扑鼻，别有风味。

（2）将咸鸭蛋敲碎后，用竹筷在蛋白与蛋黄上戳几个洞眼，在少许的米醋中加一些味精，用温开水调匀，混合后倒入蛋中，吃起来风味特别，尤其是蛋白，其味鲜嫩无比，有“赛蟹肉”之美称。

咸鸭蛋

（3）咸鸭蛋煮熟剥开，将蛋白取出，切成小方块，取五香豆腐干一块、熟香菇数只，都切成小方块，用白糖、酱油、味精、醋等调料冷拌，鲜嫩开胃。

烹调土豆小窍门

土豆是家常菜，也是大家喜爱的大众化蔬菜，用它能做出许多菜肴，在烹调土豆时应注意些什么呢？

（1）做土豆菜削皮时，只应该削掉薄薄的一层，因为土豆皮下面的汁液有丰富的蛋白质。去了皮的土豆如不马上烧煮，应浸在凉水里，以免发黑，但不能浸泡太久，以免使其中的营养成分流失。

（2）土豆要用文火煮烧，才能均匀地熟烂，若急火煮烧，会使外层熟烂甚至开裂，里面却是生的。

烹制土豆

（3）存放久的土豆表面往往有蓝青色的斑点，配菜时不美观。如在煮土豆的水里放些醋（每千克土豆放一汤匙），斑点就会消失。

(4) 粉质土豆一煮就烂，即便带皮煮也难保持完整。如果用于冷拌或做土豆丁，可以在煮土豆的水里加些腌菜的盐水或醋，土豆煮后就能保持完整。

(5) 去皮的土豆应存放在冷水中，再向水中加少许醋，可使土豆不变色。

(6) 把新土豆放入热水中浸泡一下，再放入冷水中，则很容易削去外皮。

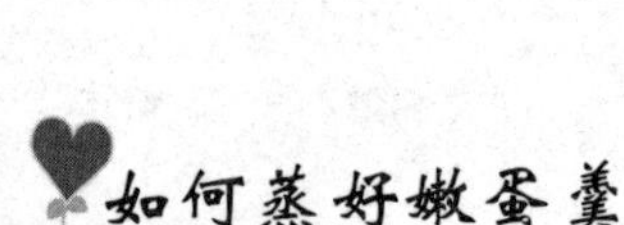

如何蒸好嫩蛋羹

蒸蛋羹并不难，然而要蒸得滑嫩可口也不易，关键是加入蛋液中的水要用温开水，而不能用冷水。因冷水里有空气，水被烧开后空气排出，蛋羹出现“蜂窝”。用温开水蒸蛋羹，表面光滑似豆腐脑。

蛋 羹

蒸制的时间要恰到好处，时间长了，碗的四周出现许多小泡，碗中间浮着一层水。

蛋羹蒸到何时才算熟了呢？蒸到七八分钟后，揭开锅盖，稍倾碗，视碗里的蛋液全部凝结，就可离火了。再配以香油、葱末、味精、少许酱油，味道就很美了。

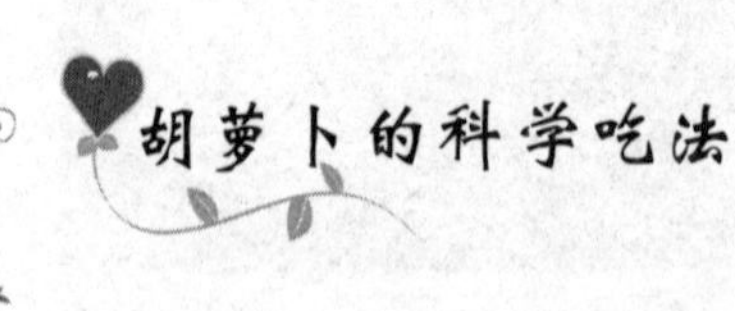

胡萝卜的科学吃法

胡萝卜不仅含有较多的维生素 B 和维生素 C，而且还含有胡萝卜素。胡萝卜素在人体内可变成维生素 A，营养价值很高。因此，我们应该在日常生活中多吃一些胡萝卜。不过，在此要提醒大家，在吃胡萝卜的时候，想要使其营养价值得到最大化的吸收，还应注意烹制方法：

（1）胡萝卜素是脂溶性物质，只有溶解在油脂中，才能在人体的小肠黏膜作用下转变为维生素 A 而被吸收。因此，做胡萝卜菜时，要多放油，最好同肉类一起炒。胡萝卜炖肉味美，营养价值大；只用少量油炒，营养被人体吸收的就不多。另外，也不宜生吃，生吃不消化，90% 的胡萝卜素不能被人体吸收而被排泄掉。

（2）去皮的胡萝卜很快会失去自身的很多水分，而放在水中保存则又会失去部分维生素 C 和矿物质。最好是将其放在干燥的器皿中，上盖湿布，但保存时间不要超过 3 小时。

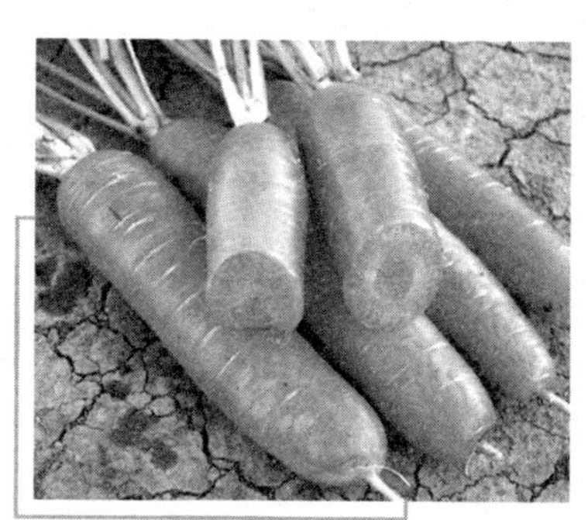

胡萝卜

（3）烹制胡萝卜的时间要短，以减少维生素 C 的损失。

（4）煮（炒）过火的胡萝卜既不好吃，也降低了食用价值。

（5）发绿的胡萝卜头，味道苦，吃时应削掉。

烹制白切鸡有窍门

白切鸡味道鲜美，是很多人都是喜爱的食物，可是很多人无法在家中做出好吃的白切鸡。这是为什么呢？原来，烹制白切鸡是有窍门的。你如果照以下的方法去做，定会收到好的效果。

选用一只重 1 千克左右的嫩鸡，清理干净。将其放入一个大锅里，倒入清水（以淹没鸡身为宜)，放进葱、姜、黄酒若干，用旺火烧开，撇去浮沫，再移至小火上焖煮 10 ~ 20 分钟，加适量盐，待确定鸡刚熟时，马上将锅端下，盖上锅盖静置一旁，待锅里的汤冷了，再将鸡捞出，控去汤汁，在鸡的周身涂上麻油即成。

这样烹制的白切鸡，色白肉嫩。菜肴的老嫩与其含水的多少有关。煮鸡时，鸡受热细胞破裂，内部汁液流失，这时人们的感觉是鸡缩小了。鸡煮熟时，放在汤汁中浸，能使细胞重新充水，形体重新泡涨，肉质就嫩了，

鸡周身涂上麻油，既可防止鸡皮风干保持油润，又可减少鸡内水分的蒸发，鸡皮转色。

运用此法烹制白切鸡，同样适用于老鸡，不过在如法泡制的同时，要注意先把老鸡煮软再在汤汁中浸泡。浸泡后的老鸡肤色与嫩鸡一样，但肉质较嫩鸡粗糙。

怎样煎鱼形美味鲜

首先，将鱼去鳞、去鳃、开肚去肠、洗净，然后用细盐、料酒腌一下，每500克鱼放盐5~10克。炒锅刷洗干净，放旺火上烧热，再用切开的生姜把锅擦一遍，然后在炒锅中放鱼的位置上淋一勺油，油热，将锅中油倒出，再在锅中加点凉油，鱼在下锅前要用干净抹布擦干鱼外面的盐水。鱼在煎时要常常转锅，使锅中被煎的鱼各部位受热均匀，否则一翻面鱼就碎了。将鱼的一面煎成金黄色时，摇动锅，使锅中鱼活动，再翻面加点油煎另一面，煎至金黄色即可。

另外，还可用挂鸡蛋糊的方法煎鱼。先将一个鸡蛋打在碗内搅匀，另将清理好的鱼，沥干水，放入蛋糊碗内，把匀蛋糊投入热油锅内，蛋糊遇热即可凝固，使鱼身披上一层外衣，这可使煎鱼不碎、不粘锅。待鱼的两面煎得金黄时，捞出即可。

炖肉成功的三要诀

炖肉成功关键是块要大，火要慢，少着水，其味才浓美。

首先因为炖肉或煮肉时，肉内可溶于水的肌溶蛋白、肌肽、肌酸、肌酐、嘌呤碱和少量氨基酸，会被释放出来，这些含氮的浸出物越多，味道越浓，刺激胃液分泌也越强，人们就觉得香美好吃。如果从肉内浸出的汁水过多，肉体本身的香味又自然减淡，所以肉块要适当大些，这样使它总面积减小，肉内的汁水出来的少些。因此，炖大块方肉，都比小块肉味美好吃。

炖 肉

其次是火要慢，要用微火炖，不用旺火猛煮。这是因为肉遇急剧高温，肌纤维变硬不易煮烂，肉中蛋白质变性不溶于水，含氮物质释放过少，香味降低。同时肉中脂肪又会化成油容易使肉皮散开，一些挥发性芳香物质又会随猛煮蒸发掉，使肉味不香。

最后是少着水使汤汁变浓，味道自然醇厚浓烈。

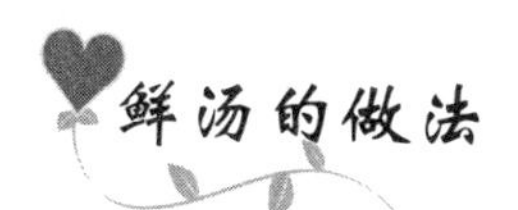

鲜汤的做法

鲜汤是风味菜肴的鲜味调料。一般分奶汤、清汤两种。

奶汤，一般以大块猪肉、火腿为主，也有用鸡鸭骨架熬煮而成。做这种汤时，要用旺火，保持沸腾状态，这样汤汁浓度大，味道也鲜。清汤，一般用一只整鸡熬煮，汤汁澄清，口味鲜醇。开始用旺火煮开，再用小火熬煮 4 小时左右。

在熬煮过程中，掌握火候是关键。奶汤要用旺火，否则，汤汁不浓；清汤用小火，否则，汤色发浑。

熬煮鲜汤要注意的是：

鲜 汤

（1）开始用冷水慢慢加热，中途不能加水。最好水量一次放足。

（2）不能先放盐，只能在熬煮好之后才能放盐。除葱、姜、料酒外，也不要放其他调料。

菜肴勾芡的要点

勾芡应在菜肴即将煮熟时淋入（“跑马芡”）。如时间过早，菜肴还未煮熟，勾芡后菜肴在锅中停留时间长，芡汁会出现糊锅味；时间过迟，菜肴已煮熟才勾芡，待芡汁翻炒均匀后，菜肴就会过火；应在主料已透，汤汁沸起之时为宜。

汤汁应在汤汁量相当于主料的1/3时勾芡较宜。再次就是浓度。芡汁的浓稠（碗汁）要依菜肴多少而定，力求合适，即倒入芡汁后能均匀地把原料包裹上。如芡汁下锅后汁浓稠，可快速淋入少量开水将芡汁澥开；反之，倒入芡汁后，如汁仍稀，可淋入少量水淀粉勾浓。淋芡汁时不要一次倒入，而要慢下勤搅，使其均匀。

还需注意的是，在单纯勾粉汁时，要调好菜肴的口味，着好色，否则勾芡后一般不能再加入调味品。倒芡汁之前，要把碗芡充分搅匀，使调味品充分融合并防止水淀粉沉淀；还可在芡汁中加入适量的香油或花生油，使成菜具有明汁亮芡的特点。

菜肴颜色有学问

菜肴的颜色主要有红、黄、绿、白这四种色调，不同颜色的菜肴使人们有着不同的感觉，而且对人体生理也有一些微妙的作用。

以红色为主的菜肴，如用番茄酱做的一些菜肴，还有红烧鱼、鱼香肉片，使人感到味道浓厚，吃起来有愉快的感觉，会刺激、兴奋神经系统，增加肾上腺素分泌和增强血液的循环。

以黄色为主的菜肴，如用鸡蛋糊做的软炸鸡、软炸肉，还有黄焖鸡、糖醋鱼等，往往给人清香、酥脆的感觉，可刺激神经和消化系统。

以绿色为主的菜肴，大多是用绿叶蔬菜来做，能给人以明媚、鲜活、自然的感觉。淡绿和葱绿能突出菜肴的新鲜感，使人倍觉清新味美，有益于消化，并能起到镇静作用，对好动或身心压抑者有益。

以白色为主的菜肴，一般是不加酱油的白汁菜，如熘三白、奶油扒白菜、炒里脊丝等，给人以质洁、软嫩、清香之感，能调节人的视觉平衡，也能安定人的情绪。

菜肴颜色的重要性，不单是美化食品，刺激人们的食欲，而且对人的身心健康起着一定的作用。

烹调的关键——火候

火候是烹制菜肴时一个重要的关键，因为烹制技术的两大内容就是烹制和调味。如果火候使用不当，尽管是上等原料，烹制出来的菜还是达不到色、香、味、形、质俱佳的要求，不是烧焦，就是外熟里不熟。

火候的形态，是指在烹制过程所使用的火力的大小。一般将火力分为旺火、慢火、微火三种。

旺火。火焰高而稳定，呈白黄色，光度明亮，热气逼人。一般用于快速烹制，使菜肴香脆松嫩的烹调方法。如炸、炒、爆、熘、烹、汆等。

慢火。火焰低而摇晃，呈红色，光度较暗，热气很重。一般用于较慢烹制，使原料软嫩入味的烹调方法。如煎、贴、煽。

微火。火焰小而有起落，呈青绿色，光度发暗，热气不重。一般用于较长时间烹制，使原料酥烂而有清汤的烹调方法。如炖、焖。

肉的最佳食用期

一般人认为，买刚刚屠宰过的猪肉，很新鲜，应该马上烹制。然而这时烹制出来的肉，肉质干硬，食之令人扫兴。因为刚屠宰的猪肉松弛、柔软，含水量丰富，保水能力强。经过 2 个小时（冬天约 3 ~ 4 个小时），肌肉细胞中的氧气供应停止，组织内的新陈代谢被破坏。这时肉内的糖醋酵解酶由于缺氧而将肌肉中的糖原分解，使糖原转变成乳酸。与此同时，肉中的三磷酸腺苷减少，从而使肌肉变得僵硬并收缩，如果用这种肉烹制菜

肴，则肉质干硬少汁。这在动物屠宰加工上称为“死后僵直阶段”。这个阶段的肉似乎很新鲜，实则不宜烹调。

肉的最佳食用期是在僵直期后的成熟阶段，这时肌肉开始解僵，肉内的糖原形成乳酸不断增长，从而使肌肉开始软化。在软化过程中，肉中的三磷酸腺苷分解，产生了游离的亚黄嘌呤；同时，肌肉组织中的蛋白质也会分解而产生游离的谷氨酸和钠盐。亚黄嘌呤和谷氨酸及钠盐是肉类的特殊香味的主要成分，也是成菜后菜肴鲜美的原因。只有这时的肉才是最佳食用期的肉，即成熟期。

肉类的成熟期与环境温度关系密切。一般情况下，温度越低，成熟期越长。如 2 ~ 4℃的环境下，猪肉需经过 12 ~ 15 天才能完成成熟过程；在 12℃时需 5 天左右，在 18℃时需 2 天左右，而在 29℃时，只需几个小时即可。

如果您买回了刚屠宰的新鲜猪肉，可将肉放入电冰箱内一段时间，或置于低温通风处，再烹制各种莱肴。

怎样泡发笋干

笋干是用鲜竹笋加工而成。常见的有玉兰片、晒笋干和熏笋干等品种。玉兰片是用冬笋蒸熟后，再用炭火焙干而成，色泽乳白或呈淡黄色。晒笋干是将春笋煮熟，在阳光下晒干而成，色泽深黄。熏笋干是将春笋煮熟，再用烟熏而成，色泽发黑。上述品种以玉兰片为上，晒笋干、熏笋干则次之。

笋干因加工方法不同，泡发的方法也不尽相同。否则，影响成菜质量。现将各自泡发方法介绍如下：

玉兰片。因其质地软嫩，不宜用开水泡发，一般入凉水中浸泡 1 天。为了防霉、防虫，玉兰片在加工中要用硫磺熏制，经浸泡可去除异味。水冷浸后，再用温水浸泡半天即可烹制。

晒笋干。先用温水浸泡 2 小时，再切除老莞部分，切成薄片，再用温水泡半天即可。

熏笋干。因其烟味较浓，用开水煮 1 小时，捞出后入清水中浸泡约 48 小时，中间需换清水 2 次。最后切为片或丝，再用温水浸泡半天即无烟味了。

豆腐的保鲜方法

豆腐养分高、水分大，含有较多糖分，微生物极易繁殖，引起发黏、腐坏和变质。防止豆腐变质的方法是：

(1) 将豆腐用清水洗一下，放入蒸笼里蒸一下或放入开水锅中煮一下，但不要煮久了莱成“蜂窝”。取出后，放在阴凉通风处。

豆　腐

(2) 把豆腐放在清水中浸泡，一旦水质稍混，便立即换水，天热时，一天要换两三次水，这样就不会让豆腐发粘变质。

(3) 可以先烧一点水，水中放少许食盐，待盐水冷却后，把豆腐放在里面，这样，豆腐可保存两三天。

(4) 将豆腐放入泡菜中。四五个月不会变质，而且味道变得尤其鲜美。

存放食物防互克

有些食品不适于在一起存放，比如：

粮食与水果。粮食易发热，水果受热后变干瘪，而粮食吸收水分后会发生霉变。

蛋与生姜、洋葱。蛋壳上有许多小气孔，生姜、洋葱有强烈的气味，易透进小气孔使蛋变质。

面包与饼干。面包含水分较多，而饼干一般是干而脆，两者存放在一起，面包变硬，饼干也会失去酥脆。

红薯与马铃薯。红薯喜温，存放的最宜温度是15℃以上，若9℃以下就会僵心；而马铃薯喜凉，存放的最适温度为2～4℃，两者存放在一起，不是红薯僵心便是马铃薯发芽。

鲜鸡蛋贮藏的小方法

鸡鸭蛋都是鲜活商品，时间久了就会变质，尤其是在炎热的夏季，怎样存放才不使它们腐变呢？下面介绍几个简便的方法。

（1）石灰水保存鲜蛋：方法是先用生石灰粉3克，泡在少量清水中，搅拌使之溶解。然后加水，配成总量达到100克的生石灰水溶液，经24小时后，将鲜蛋放入其中，以能淹没蛋为度，上稍加盖。为要保存大量鲜蛋，即按上述比例配制。容器最好用不漏水的瓷缸。这样至少可保存五六个月。这批蛋吃完后，利用旧液稍加一点石灰，又可浸鲜蛋。

（2）石灰水短泡法：把石灰粉溶化在水里，过滤后加点食盐，然后把鸡蛋放进去泡半小时左右，捞出晾干就可防止变坏。

（3）谷物贮存法：在盆、缸等容器里，铺上一层粮食，摆一层蛋（蛋的大头向上，小头向下），反复几次装完为止，最上面一层还要盖上一层粮食。然后把缸或盆放到通风、凉爽的地方。每隔十几日翻倒一次，把变质的蛋随时挑出。用来铺盖的粮食，隔一段时期也要晒一晒，这样会更有利于鸡蛋的贮存。

（4）热浸法贮蛋：烧一锅开水，把鲜蛋放在笊篱上，浸入开水5～7秒钟，取出晾干，放到通风干燥的地方，也能保持几十天不坏。

鸡　蛋

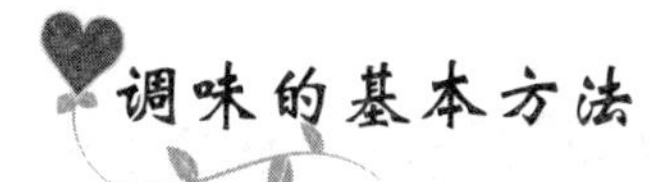

调味的基本方法

基本调味品：多在加热前使用，就是在原料下锅之前，先用盐、酱油、料酒、胡椒面、鸡蛋、湿淀粉等把原料浆一下，使调味品的味道能渗透到原料中去，并能消除一些原料的异味。这种方法多用于鸡、鸭、鱼、肉、虾等原料。有些配料例如青笋、黄瓜等是为了去除它本身的一些水分并使它有些咸味儿来进行腌制。

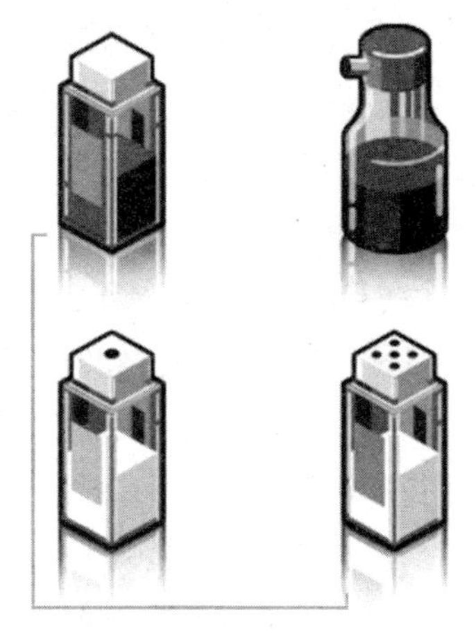

调味品

正式调味：即在加热过程中进行调味。有的菜在加热前进行了初步调味，但还需要进一步调味，因为在加热过程中要适当放入调味品，才能达到口味的真正要求。

辅助调味：这是在加热后出锅时再进行一次必要的调味，例如汤类和凉菜类上桌之前加适量味精；干炸丸子、软炸虾等要撒花椒盐或者另蘸花椒盐吃。炒菜、炖菜也有要在出锅前加些调味料的。

葱、姜、蒜在烹饪中的作用

葱，有去腥膻、去油腻的效能。一般可有三种用法：

（1）炝锅。多在炒荤菜时使用，如炒肉时加入适量的葱花或葱丝；做炖、煨、红烧肉菜和海味、鱼鸭时用的葱段。大葱与羊肉混炒，既无腥膻之感，也倍感鲜美可口。

（2）拌馅。氽丸子，包饺子，做馄饨时，在馅中拌入葱花，味道更加醇厚。

（3）明用调味。如吃烤鸭时，在荷叶饼中，夹上蘸了甜面酱的葱段和

鸭片，格外利口好吃。在做酸辣汤和热清汤时，最后撒上葱花，浇上明油(香油)，引人食欲。

姜，一般荤菜都离不开生姜，它本身具有辛辣和芳香的味道，溶解在菜肴之中，可使菜肴增鲜增美。用法有四种：

(1) 混煮。炖鸡、鸭、鱼、肉时，将姜块、姜片放入，肉味醇香。

(2) 对汁。做甜酸味道的菜时，将姜剁成姜末，与糖、醋对汁烹调或凉拌。如糖醋熘鱼、凉拌菜时用，可产生特殊的酸甜味。

葱、姜、蒜

(3) 蘸食。把姜末、酱油、醋、香油拌成汁蘸吃，如吃清蒸螃蟹。

(4) 浸渍返鲜。冷冻的肉类、家禽，在加热前先用姜汁浸渍，可以起到返鲜作用，尝到固有的新鲜滋味。

蒜，做配料能起调味和杀菌作用。用法有五种：

(1) 去腥提鲜。如炖鱼、炒肉时，投入蒜片或拍碎的蒜瓣。

(2) 明放。多在做成味带汁菜时加入，如烧茄子、炒猪肝或其他烩菜时，放入几瓣蒜使菜散发香味。

(3) 浸泡蘸吃风味独特。如吃饺子时蘸小磨香油、酱油，辣椒油浸泡的蒜汁，夏天也可用馒头蘸蒜汁吃，既开胃利口，又可以防肠道疾病。

(4) 拌凉菜。用拍碎的蒜瓣或捣碎的蒜泥拌黄瓜，调凉粉，在蒸熟的茄子上泼蒜汁，菜味更浓。

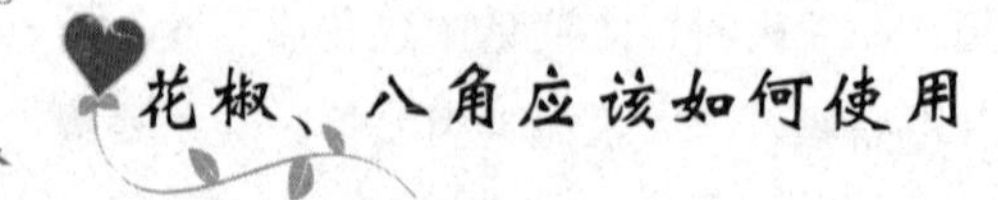

花椒、八角应该如何使用

花椒，具有芳香通窍的作用，是调味品中的主要作料。用法有五种。

(1) 炝锅。如炒白菜、芹菜时，投入几粒花椒，待炸至变黑时捞出，留油炒菜，菜香扑鼻。

（2）炸花椒油用，可使菜香四溢。用花椒、植物油、酱油制成的“三合油”，浇在凉拌菜上，清爽适口。

（3）煮蒸禽肉时，放入八角、花椒。

（4）制成花椒盐蘸着吃，即把花椒放入大勺内，在火上烤至金黄色，与精盐同放在案板上擀为细面，在吃炸丸子、干炸里脊、香酥鸡或香酥羊肉时蘸食。

（5）腌制萝卜丝、大芥丝、咸菜时放入适量花椒，味道更佳。

八角，是做厚味菜肴不可缺少的作料。因为肉类和禽类煮、炖的时间较长，八角可以充分水解，使肉味更加醇香。如做红烧鱼时，油沸，投入八角，炸出香味，加入酱油和其他作料，再放入炸好的鱼。又如烧白汤白菜等荤味素菜，将八角与精盐同时放入汤里，最后放香油。另外，腌制鸡、鸭蛋或香椿、香菜时，放入八角，也别具风味。

食盐的讲究

盐质量的优劣，主要取决于氯化钠的含量和纯净度。细盐又称精盐，是由粗盐（原盐）经溶解、卤水澄清、干燥精制而成。它清除了原盐中存留的部分水分和各种杂质，故氯化钠的含量和纯净度均比粗盐高。

此外，细盐实行管道化生产，产品直接装袋密封，盐受到污染的环节少，产品洁白、干燥，久放不易溶化，符合卫生要求。因此，食用细盐比粗盐好。

值得注意的是，在使用食盐烹饪菜肴的过程中，应根据不同的菜肴决定放盐的时机。

烹调前先放盐的菜肴：蒸制肉块时，因物体厚大，且蒸的过程中不能再放调味品，故蒸前要将各种调味品一次放足。烧整条鱼、炸鱼块时，在烹制前先用适量的盐将其腌渍，有助于成味渗入肉内。烹制鱼丸、肉丸等，先在肉茸中放入适量的盐和淀粉，搅拌均匀后再吃水，能使其吃足水分，烹制出的鱼丸、肉丸就会又鲜又嫩。有些爆、炒、炸的菜肴，挂糊上浆之前先在原料中加盐拌匀上劲，可使糊浆与原料黏合紧密，不致产生脱袍现象。

在刚烹制时就放盐的菜肴：做红烧肉、红烧鱼块时，肉经煸、鱼经煎后，即应放入盐及其他调味品，然后旺火烧开，小火煨炖。

烹制将毕时放盐的菜肴：烹制爆肉片、回锅肉、炒白菜、炒蒜薹、炒芹菜时，在旺火、锅热时将菜下锅，并以菜下锅就有“啪”的响声为好，全部煸炒透时适量放盐，炒出来的菜肴嫩而不老，营养成分损失较少。

烹烂后放盐的菜肴：肉汤、骨头汤、鸡汤、鸭汤等荤汤在熟烂后放盐调味，可使肉中蛋白质、脂肪较充分地溶在汤中，使汤更鲜美。炖豆腐时也应在熟后放盐，与荤汤同理。

食 盐

食前才放盐的菜肴：凉拌菜如凉拌莴苣、黄瓜等，如果放盐过多，会使其汁液外溢，失去脆感，如能在食前片刻放盐，略加腌制沥干水分，放入调味品，食之更脆爽可口。

白糖结块怎么办

白糖结成块有两个原因，一是因受潮后又失水而干缩，二是受压。在日常生活中，这两种因素往往是同时存在的，糖块形成后结得很牢，给食用者带来了很大不便。

在家庭中，白糖一次买得不要太多，回来后立刻存放在防潮性较好的玻璃缸内或塑料食品袋内，盖好盖或扎好口，基本可以防止结块。

如果出现结块现象，家庭中白糖的块不大，可取一个苹果，切成几瓣，与白糖块一起放进玻璃缸内，盖好盖，放一段时间，糖块即可分离。

正确使用味精的方法

味精是人们熟悉的调味佳品，化学名称是谷氨酸。它吸湿性较强，易溶于水，就是溶于3000倍的水中，也仍显出鲜味。但是，味精在碱性溶液中却不显鲜味。当受热达120℃以上时，味精还会变成焦化谷氨酸，不仅没有鲜味，还有毒性。因此，使用味精要讲究科学性。

味精不可滥用，不能每菜必用，多用味精一则会使鸡、肉、鱼、虾等原料原有的鲜味显不出来；二则会使人对味精产生依赖性，不爱吃没有放味精的菜，从而食欲下降，降低对各种营养物质的吸收能力。

味精不宜在含有食碱或小苏打的食物中一起用。各种馅料，蒸、煮制成的菜，以及应用急火快炒的菜，都不宜多用味精，免得在加热过程中使味精变成焦化谷氨酸钠。

在汤菜或者炒菜中使用味精，宜在出锅前加入，在70～80℃的汤水中味精溶解最多，口味也显得最鲜。不可将味精像食盐一样撒在凉菜中，这样味精不易溶化，人们食用后会使肠胃受到刺激，造成消化不良。

使用油盐要适量

日常生活中，很多人都存在油脂摄入过量问题。中国营养学会推荐的每人每日油脂摄入量是25克，而最近全国调查每人每日平均摄入44克，远远超过推荐摄入量。如果每天摄入脂肪超过5克，10年平均体重将增加10千克。油脂所含热量比等量猪肉高出1倍多。餐饮业常用高温烹饪和油炸制作出的食品不仅热量含量偏高，影响居民膳食平衡，而且会产生致癌物丙烯酰胺。

另外，在中国传统饮食中，盐的使用量偏高，人们习惯吃成食，北方人更是口重，很多餐馆的菜品都放盐过量。中国营养学会推荐的每人每日食盐摄入量不超过6克，而全国调查我国居民每日平均摄入量为12克以上，超出推荐标准1倍。过量的食盐摄入会造成水、钠在体内的滞留，血容量增加，导致血管壁的侧压力增加，是诱发高血压、血管硬化的重要原因之一。

为了广大居民自身的健康，应提倡多开发清淡的菜品，逐步淘汰油盐过量的菜肴，培养良好的饮食习惯。

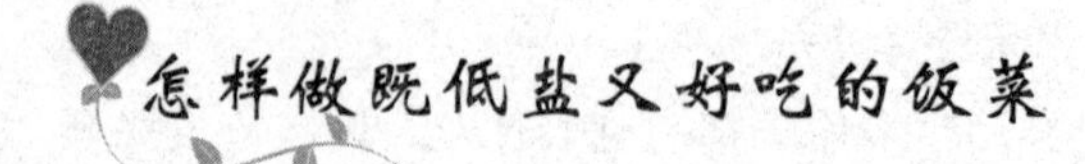

怎样做既低盐又好吃的饭菜

现在，高血压、肥胖、糖尿病这些很少出现在少年儿童身上的疾病，已经开始威胁青少年朋友的健康。想要远离这些疾病，除了要注意加强锻炼，还应注意饮食，平时多吃低盐的饭菜。

如果你一时无法改变口味重的习惯，可以试着做一些既低盐又美味的饭菜。

（1）利用菜本身自然的鲜味儿，不必加盐。如在夏天，吃糖拌西红柿，青椒炒西红柿；青椒炒土豆片，西红柿瓜片汤等。它们那自带的酸、甜、辣味儿，可以代替盐的咸味，吃起来清香可口。

（2）多用酸味代替咸味，如炒菜适当多放些醋，可少放盐。常做的醋熘白菜、醋熘豆腐、醋烹土豆丝等，以及凉拌菜，多加点醋，少放酱油。

（3）多吃烧菜，如烧鱼、烧土豆、烧茄子等，糖稍多些，少放酱油。

（4）用油炸之后，再少放盐或酱油，味道很美，会使人爱吃。但这类高脂肪食物不宜多吃或常吃。

（5）用无钠酱油。市场上出售的无钠酱油，可以代替一般酱油，用它做菜味道不变。

安全篇

被蜂蜇伤了怎么办

当你到野外郊游的时候，倘若不小心在灌木丛或杂草中行走时碰到了马蜂窝，被惹怒的蜜蜂蜇伤，该怎么办呢？不要紧张，迅速从蜂窝那儿跑开，避免再次被蜇。然后再找到蜂刺，用指甲夹住，拔出来。如果随身备有肥皂，可以用肥皂洗洗，若是大黄蜂蜇伤的，也可以用醋和白酒清洗。如果既没有肥皂又没有醋和白酒，附近又没有人家，也可以找一些新鲜的马齿苋，用石头捣烂，直到有汁流出为止，将已捣烂的马齿苋敷在受伤的地方。此外，可烧一些开水，尽量多喝些水，以排泄毒液。

如果被蜇伤部位红肿得厉害，又热又痛，全身发痒，有头晕、眼花、气喘等反应，赶快吃些扑尔敏。等十几分钟后，感觉还是不好，应立即想办法找到最近的医院，请医生治疗。

如何防止蚊虫叮咬

一到夏天，可恶的蚊子就会跑出来打扰人们的生活。特别是在晚上睡觉的时候，蚊子在身边“嗡嗡嗡”地叫个不停，让人睡也睡不着，打又打不着它。面对让人急不得、恼不得的蚊子，难道我们就真的束手无策吗？当然不是。其实，只要我们做好防蚊工作，就可以睡个香甜的好觉了。

（1）涂上防蚊药。睡觉之前，在两手两脚和脸、腿等露在外面的皮肤上，涂一层防蚊酊或者防蚊油。要涂抹得均匀，千万不要涂到眼睛里面去。

（2）用防蚊网。在蚊虫多的地方，用防蚊网盖住头、肩膀、两臂、两腿，蚊子就叮不着了。

（3）可以用蚊香和野生植物来赶跑蚊虫。在帐蓬里面点一支蚊香，或者用艾、青蒿、野菊花的树叶或树皮，在晒得半干的时候点燃，会冒出很多烟把蚊子赶走。

被刺毛虫蜇伤了应该怎么办

如今，生活在城市的孩子很少有机会看到刺毛虫了。不过，如果有机会到野外郊游，或者到郊区采摘还是可以看到刺毛虫的。假如你遇到刺毛虫，又不小心被它蛰伤了，应该怎么办呢？

毛 虫

刺毛虫又叫洋辣子，靠毛蜇人。它浑身长满了有毒的毛刺，身体不大，色彩鲜艳，伏在树枝上或树叶上，不易被人发现。当你被它蜇了之后，会感到疼痛，但不要着急。你可以拿出随身带的医用橡皮膏，平整地贴在受刺的皮肤上，用手来回按摩几次，用力一揭，刺毛便被粘起来，疼痛会立即消失。假如你没有橡皮膏，也可以用伤湿膏、消炎止痛膏或红药膏。如果你什么药膏都没有带，还可以用泡泡糖、口香糖代替。将泡泡糖或口香糖放到嘴里嚼到能粘手为止，从嘴里取出来，放到一张纸或手帕上，然后像用橡皮膏一样使用，也能达到效果。在患处涂上花露水，如果有过敏现象，可以吃下一片扑尔敏。

被蛇咬了怎么办

蛇一般分为有毒蛇和无毒蛇两种，像我们日常生活中见到的蛇，还是以无毒蛇为主的，但是，如果我们有机会到森林、草原等人迹罕至的地方去，就很有可能遇到有毒的蛇。

一般被毒蛇咬伤的伤口有2~4个大而深的牙痕，局部会有疼痛的感觉。被无毒的蛇咬伤，一般有两排“八”字形牙痕，小而浅，排列整齐，伤处无明显疼痛感。另外，还要注意毒蛇头部大多为三角形，颈部较细，尾部较粗，色斑较鲜艳，牙齿较长，易于辨识。

如果不慎被毒蛇咬伤，一定要镇定，立即就地自救或者互救。在处理伤口时，应注意以下几点问题：

（1）用皮带、布带、手帕、绳索等物在距离伤口3~5厘米的地方捆扎，以减缓毒素扩散速度。

（2）每过20分钟放松2~3分钟，避免肢体缺血坏死。

（3）用清水冲洗伤口，如果可以用生理盐水或者高锰酸钾液冲洗更好。此时，观察是否有毒牙残留，如果有，则要立刻拔出。

（4）冲洗伤口之后，用消毒或者清洗过的刀片，以两毒牙痕为中心做“十”字形切口，切至皮下使毒液排出。

（5）紧急时也可以用嘴将毒液吸出，但是吸的人必须口腔无溃破。在将毒液吐出之后，要充分漱口。

（6）吸完毒液的伤口，要用温水进行温敷，以利于毒液继续流出。此时，伤口不能包扎，经过简单处理之后，要立即送到医院。

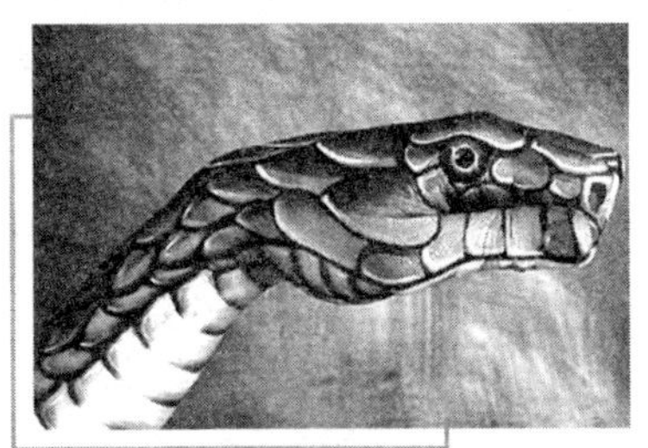

毒　蛇

不要捕食青蛙

青蛙也叫田鸡，它的幼仔就是我们都很熟悉的小蝌蚪。青蛙属于水陆两栖动物，无论是在南方还是在北方，也不管是在水田、旱地，或者平原、森林都可以见到青蛙的身影。在野外活动的青少年常常喜欢捕捉青蛙，进行野炊。

其实青蛙的身体里内有好多种寄生虫，如果吃青蛙肉，就会将寄生虫吞进肚子，进而引起局部的组织坏死，甚至产生多种疾病。

近年来，随着农业的发展，生产上使用农药的作物数量大大增加，昆虫吞食了含有农药的农作物，青蛙又吃了这些昆虫，青蛙的体内便积聚了农药的残毒。当人吃了这种青蛙会积蓄大量的毒素，导致中毒，尤其对正在生长的青少年危害很大。所以不要捕食青蛙。

小飞虫进入耳朵里怎么办

在夏日的夜晚，当你在户外乘凉，或在灯光下做作业，或刚刚进入梦乡，不知不觉中可能会有小飞虫飞进你的耳朵里。虫子一旦进入耳朵，就像进了一条死胡同，于是在黑暗中拼命挣扎，撞击你的鼓膜。这时就会产生雷鸣般的轰鸣声，并引起一阵阵剧烈的疼痛。有时那些小飞虫还会把鼓膜抓伤，引起穿孔，那可就更糟了。发生这种情况，该怎样对付这些讨厌的小虫子呢?

有些小朋友忍受不住疼痛，往往惊恐万状，大哭大叫。其实这时候，你最好应保护镇静，不要惊慌，让你的父母或旁边的人帮你把虫子弄出来杀死。可以采用下面这些方法：

（1）用灯光将小虫诱出。让父母把你带到一个黑暗的环境中，先把耳朵向后向上提拉，这样可以使外耳道变直。然后用灯光或手电筒在耳朵外面照射，反复将灯光开启、关闭。因为很多小虫子喜欢亮光，所以可用这种方法将小飞虫诱出来。

（2）将虫子杀死。有些小飞虫体形较大，不能在狭小的耳道内转身掉头，因而不能用光亮诱出。可用植物油或酒精、白酒等液体，慢慢灌入外耳道，经过一段时间后即可将虫子淹死。然后再用水冲洗出来或用镊子挟出来。还可以在灌入液体后，用一根葱管伸入外耳道（尽可能深，动作要轻），并用嘴将液体吸出。这时小虫子往往能随液体一起吸出来。

如果经上述方法仍不能将小虫子取出，应尽快到医院请医生处理。

学会防止雷击

地面的高大建筑物，如平房群中的楼房、水塔、天线等，或高大树木，离带电的云比较近，容易带电。当天空雷电交加，下暴风雨时，这些东西就会带上电流，流入大地。雷电是很危险的东西，它们可能毁掉房屋，击倒树木，引起火灾，人有时也会被雷电劈伤，甚至死亡。雷雨天就应该注意：

（1）不要在树下面避雨，特别是在空旷地方中的树木下，离开建筑物的避雷针和电线，离开各种天线和电线杆、塔。

（2）如果在野外无处躲避，雷电交加时要马上蹲下，双脚并拢，双臂抱住膝盖，头朝下，尽可能地缩小身体和与地面的接触面积。

（3）如果手中拿有带金属的东西，如金属杆的雨伞，要迅速抛开，越远越好。

打　雷

如果骑自行车时遇上雷电和暴风雨，你应该立即扑倒在地，躲在自行车下面，两腿两手要紧紧地并拢，不能留一点空隙。自行车在你头顶上，它能起避雷针的作用，如果两手两腿有空隙，会造成2万～3万伏的短路，造成伤亡。

洪水把你堵在屋子里了怎么办

如果洪水来得非常快，转眼间就把你家淹了，把你堵在屋里，或者一觉醒来，洪水已经把你堵屋里了，怎么办？

这时反应一定要快，马上找到一些能漂在水上不沉下去的东西，如木盆、木板、塑料盆、木桶、门板、木桌、大木柜、充气玩具等等抱住，然后从屋里游出来，也可以顺便装点饼干、面包之类的食品放在木盆或木桶里，饿了的时候才不至于没东西吃。

如果夜晚没电，你既看不清东西，也找不到其他人，你千万不要紧张，把床板拆下来，抱住床板往外面游。

如果门因为水的压力打不开了，你必须马上找窗户，从窗户逃走。如果慌乱之中，你既找不到门，也找不到窗户了，你应该想办法爬到阁楼上去，然后从天窗爬出来，然后找块木板游出来。

如果你正和老师同学在教室里上课，突然外面下起了暴雨，你被洪水堵在教室里面了，这时候千万不要惊慌，也不要乱哭乱喊乱叫，更不要乱往家里跑，要听从老师的统一安排，老师会帮助你们从教室里转移出去的。老师会叫你们每两人抓住自己的小木桌或小木凳，翻过来，抓住木凳腿，从教室游出去，游到地势高的地方去。

如果学校派出船只来救援你们，你们更不要一窝蜂地往船上挤，应该听从老师的安排，排好队，一个一个地迅速地转移到救生船上去。如果有同学发生意外，马上报告老师，不要因为恐慌而乱跑，引起骚乱，妨碍转移。

有人落水里怎么办

你可能会亲眼看见一个小伙伴掉进水里去了，他正在挣扎着，如果你不会游泳，千万不能像电视里的英雄们那样奋不顾身地去救人，因为你自己不会游泳，下水去又怎么能救他呢？即使你“游”到他身边了，已经惊恐得失去理智的落水者会死死地抓住你不放，结果是你俩一起溺水。当遇到有人落水时，你应该马上大声呼救，叫过路的大人去救你的小伙伴。如果周围没人，你要迅速在最近的地方找人来救落水者。如果周围没有人家，去找人来救已经来不及了，你要迅速在四周围找可以救人的东西，把一条长绳子、一块大模板、一个救生圈、或者一根长竹竿扔到落水者身边，让

他抓住东西，你可以抓住绳子或者竹竿的另一头把他拖回岸边。

如果你会游泳的话，你就可以尽全力去救你的小伙伴，游近他身边，不要让他抓住你的双腿，你应该一手托住他的腰或者用胳膊夹住他的头，另一手拍打水面，向着岸边游去。

将落水者救回岸边之后，如果他已经喝了很多水，肚子胀鼓鼓的，嘴唇已经发紫了，你要赶紧让他头朝下，拍打他的背部，让他把水吐出来。

如果落水者已经昏迷了，脸色苍白，嘴唇也发白了，你要赶紧按住他的人中穴位（上嘴唇正中朝上，鼻子下面的小沟里）。如果他还是不醒，立刻对着嘴给他做人工呼吸。同时你应该叫人去叫救护车，或者找来大人将落水者送进最近的医院进行抢救。

游泳时抽筋怎么处理

炎热的夏天，许多同学都喜欢到游泳池或江河湖海里去游泳，不仅愉快、凉爽，而且可以锻炼身体。但有时也会发生一些意想不到的危险。比如，游泳时突然发生抽筋，怎么办呢？遇到这种情况，最重要的是保持镇静，进行自救，同时尽可能快地告诉周围的伙伴，帮助你上岸。这里有一些应付抽筋的小技巧：

（1）腿抽筋，先深吸一口气，仰俯在水面上，屈曲抽筋的腿，然后用两手抱着小腿，用力使它贴在大腿上，并使劲振颤。

（2）小腿或脚趾抽筋。可把抽筋的腿伸直，大脚趾向上翘，或用手抓住脚尖向上扳，同时揉搓按摩腿部，过一会儿就会好的。

（3）手指抽筋。将手指用力握成拳头，然后用力伸开。快速连做几次握拳伸掌动作，直到恢复为止。

（4）手掌抽筋。迅速用另一手掌将抽筋的手掌用力向下按压，并做连续振颤动作。

（5）上臂抽筋。立即握拳，并尽量屈肘关节，然后用力伸直，反复做几次，直到不再抽筋。

抽筋好了之后，不要再下水去游泳了，否则过一会儿肯定会复发。为了防止这类意外事故的发生，游泳之前应先做好准备活动，将筋骨舒展开。游泳时间一般在饭后 1 ~ 2 小时后，不要在刚吃完饭就去游泳，也不要空腹游。每次游泳的时间不要过长，一般不超过 2 ~ 3 个小时。

游 泳

最后还应注意，在游泳时，应到有救护设施的游泳池去游，最好结伴在指定的浅水区内游泳，不要独自一人进入深水区，以防发生意外。

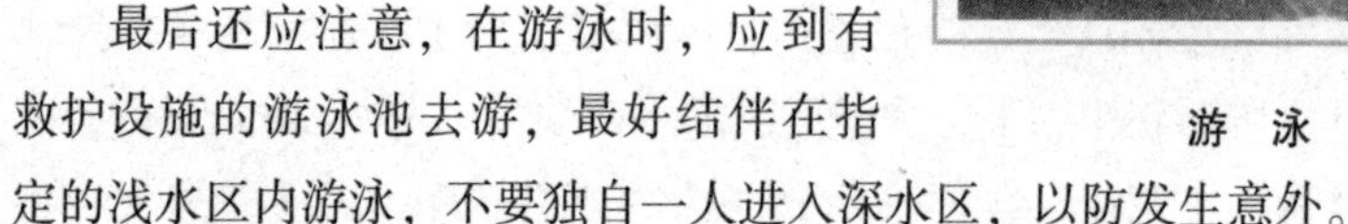

夏天突然中暑怎么办

炎热的夏天，如果长时间在烈日下曝晒，在高温条件下劳动、运动，或在闷热、潮湿、不通风的情况下学习、工作，又没有采取相应的措施，人在大量出汗后没有及时补充水和盐，人体内剩余的热量无法散发出去，热量在体内越积越多，就会发生中暑。

中暑的早期只是感到有点头晕、眼花、胸闷、浑身无力和轻度恶心。这时到较凉快通风的地方，喝些含盐的凉开水，休息一下就会好转。较严重的中暑一般发病很急，感到头晕头痛、耳鸣眼花、恶心呕吐、全身无力、口干心慌、体温升高。这时应及时到室内或树阴下等阴凉通风处，解开衣服，平躺休息，并在头部放上湿毛巾冷敷，脸上喷洒冷水。同时，喝些含盐的凉开水，吃人丹、十滴水或霍香正气丸等药物。

如果患者处于昏迷或半昏迷状态，应使患者仰卧，头部稍微垫高，并将脸转向侧面，以免呕吐出的东西倒流入气管，还可以往患者身上洒些水或裹上湿布。如果病情危险，如神志不清、呼吸暂停等，应立即进行人工呼吸或体外心脏按摩，并及时送附近医院抢救。

中 暑

中暑主要靠预防。炎热的夏天应尽量避免长时间在烈日下直晒。住房要注意通风，穿宽松浅色的衣服，并注意吃好睡足。出汗多时应及时喝水和补充盐分。家里应常备人丹、十滴水等防暑药物。绿豆汤、酸梅汤、菊花水等都是方便、理想的消暑饮料。

怎样区分流感和感冒

感冒和流感，都是冬春季节常见的呼吸道传染病。然而，这两种病对人体健康的危害程度却大不相同。感冒症状较轻，一般稍加治疗，或不做任何治疗，不久之后即可痊愈。但流感却不那么简单，一旦延误诊治，往往导致不良后果，甚至危及生命。

由于感冒与流感在流行季节和某些症状上有相同之处，因而，有人常将流感误认为是感冒，没有及时治疗，以至造成严重后果。那么，怎样区别流感与感冒呢？

首先，感冒和流感是由完全不同的致病原引起。感冒是由腺病毒等病毒引发的鼻腔和咽喉部位的轻微病毒感染，而流感是发生在呼吸道以及中耳的一种急性病毒感染流行性感冒（简称流感），是由流感病毒引起的急性呼吸道传染病。临床上有急起高热、乏力、全身肌肉酸痛、眼结膜炎明显和轻度呼吸道感染症状并发肺炎。由于流感病毒尤其是甲型病毒极易变异，往往造成爆发性流行或大流行，一般3年一个流行高峰，发病人数多，症状严重。

其次，流感和感冒的症状不同。流感与普通感冒相比，早期症状更严重，除头痛、咽痛这些熟知的普通感冒症状，流感患者还会出现高热、颤栗、肌肉酸痛等严重的全身症状。虽然流感急性症状一般持续5至7天，但身体复原的时间远远长于这个时间。患者依然会感到难以摆脱的身体疲倦。

最后，也是最重要的，流感对人体的潜在危害要远远大于普通感冒。

因此，我们要注意防寒保暖，使阳气不妄泄，这样身体的抵抗力就会显著增强；要早期就地隔离病人，流行期间减少大型集会和集体活动；用中草药煮的水或盐水漱口；每天定时开窗通风，保持室内空气新鲜；接种疫苗。但流感病毒的毒株经常变异，因此难以预测本年度流行的病毒类型，只能推测可能是哪种类型。

在此还要提醒大家的是，由于感冒症状轻微，许多人对感冒不以为然，认为不是什么大病，用不着预防和治疗。但如果把流感也误认为是感冒，不进行防治，那可就糟了。因此，在冬春季节，如果病人感冒厉害，尤其是青少年，应该仔细观察病情，千万不要忽视了病人患流感的可能性，延误治疗而引起不良后果。

流　感

家里有人得了急病怎么办

如果你的家人得了疾病，你一定不能惊慌失措，而是要保持冷静。因为，此时只有你可以充当病人的救星。你应当利用你的机智和聪明，帮助病人脱离危险。比如，家里平时的大小事件都由父母主持大局，可是有一天恰好父母都不在，爷爷的心脏病发作而晕了过去，或是弟弟受了外伤，流血不止，你该怎么办呢？

首先，应尽快打电话给医生和自己的父母，请求援助。现在全国统一的急救中心的急救电话号码是“120”。如果情况紧急，也可先找邻居大人帮忙。

其次，如果你知道怎样进行紧急救护，不妨先动手作初步处理，比如：阻止严重出血、进行人工呼吸等。动作要迅速，要尽量利用手边能够利用的东西，防止伤势恶化，保留病人体力。在进行急救时应注意：

（1）使伤员平躺，找出他的伤处，查看伤势，但要小心，不要作太激烈的移动，以免伤势恶化。如果伤员严重昏迷，应该让他平躺，头部比脚低，如果伤员呕吐或半昏迷，应让他俯卧，头歪向一边，位置比脚低。这样做是为了避免呕吐的脏东西倒流入肺部或支气管，导致死亡。如果伤员呼吸困难，应让他半坐半卧，并解除身上一切紧身的衣物，保持呼吸畅通。

(2) 如果伤员大量出血，应先进行止血。

(3) 不要让伤员检查自己的伤口，以免过度紧张或恐惧。要尽量安慰他，使他觉得舒适而温暖。

(4) 不要给陷入昏迷的伤员喂水或吃食物，以免他在呕吐或呼吸时，把食物吸入肺部或气管造成死亡。

(5) 要尽快把医生请来，及时对伤者进行正规的治疗。

遇到拥挤踩踏场面怎么办

参加盛大的集会或是在大街上遇到拥挤的场面时，一定不可麻痹大意，在这样拥挤的情况下，很容易造成踩踏事故。

一旦有这样的情况发生时，我们应该躲向一旁，或者找一个相对安全的角落藏身，总之不要跟着人流拥挤。

如果你已经陷入拥挤的人流中，则务必要先稳住双脚，然后一定要设法尽量远离玻璃橱窗，最好可以面对墙壁。情况允许的话，最好抓住一个固定的东西。

如果你无法找到一个固定的地方，已经被裹挟至人群中，那就要做到同大多数人保持一样的前进方向，千万别试图超过别人，也绝对不要逆行，而应听从指挥人员的口令。

一旦不幸被绊倒，就要想方设法使自己的身体向墙壁靠拢，并且尽可能地将身体蜷缩成球状，并用双手抱紧颈和头，双腿向胸部弯曲，把身体最容易受伤的地方保护起来。

如果你前边有人摔倒了，请马上停下脚步，并且大声疾呼，要阻止后面的人继续向前靠拢，同时防止前面倒下的人绊倒自己。

踩踏事故

比如去看球赛或演唱会，在活动结

束出场的时候，通常会人多拥挤。这时，最好不要争着早出去几分钟，完全可以先停留在场内，等人们都走得差不多的时候再离开。

最后，你还需要知道一点，当你身处拥挤的人群中时，务必时刻保持警惕性，不能因一时好奇而驱使自己上前看个究竟。当看到拥挤的人群惊慌失措时，你也尽量稳定情绪，因为惊慌除了使事情变得更糟糕之外，完全没有其他作用。另外，一旦你身不由己地陷入人群中，一定要记牢不可将手放在衣兜里，就算是鞋子被挤掉了，也不能贸贸然弯腰去提鞋或系鞋带。

骨头折断了怎么办

骨折是青少年常见的外伤，多发生在日常生活和体育活动中。骨头折断后，肢体会剧烈疼痛、肿胀变形，无法站立或行走。受伤部位还会出现瘀血斑。

骨折的急救处理很重要，如果处理不当，不仅可加重伤痛，而且会使病人残废，甚至有生命危险。

对骨折病人的处理首先要注意动作要谨慎、轻柔、稳妥，不要过多搬动受伤的肢体，以免增加病痛。如果严重骨折，病人休克时要注意保暖，这在冬天尤为重要。其次，如果伤口出血，可用纱布等消毒物品或是干净的手帕、衣服等，在伤口处包扎止血。如果四肢大出血，可用止血带或结实的布条扎在伤口靠近心脏的一端，进行止血。止血带扎在衣服外面，时间一般不超过1小时。若时间长时，每隔1小时应放松一次，见到伤口渗血时再扎上。

对骨折肢体进行急救，最重要的是将肢体固定，不让受伤肢体继续活动。这样不但可以减轻疼痛，而且防止断骨刺伤周围的血管和神经，引起出血，加重病情。固定材料一般就地取材，用木板、木根、树枝、扁担、雨伞等都可以，但长度必须超过折断的骨头。固定时，先在夹板两头垫上棉花或毛巾等松软物品，以免夹伤皮肉；夹板要固定在断骨肢体的一侧，用布条或绷带捆扎住两头，不要绑在骨折的地方。绑扎松紧要适宜。如果找不到任何固定材料，那么，上肢骨折，可将受伤的上肢绑在胸前，下肢骨折，可将受伤的下肢同另一个没有受伤的下肢绑在一起。

骨折病人经过上述简单急救后，应迅速送医院治疗。在搬运过程中，要平稳、轻柔，以防震动和碰撞肢体。尤其是脊柱骨折，搬运时要用硬板，使脊柱保持平直。

异物堵住喉咙如何自我急救

当异物不慎滑入气道，造成喉咙阻塞，而周围无其他人帮助呼救时，应立即采取自我急救法。

方法有如下几种：

（1）剧烈咳嗽：如异物仅造成部分气道阻塞，换气尚好时，可用力咳嗽，借此造成气道内强大的气流，将异物冲出体外。

（2）猛压膈下腹部，一手握拳，使其拇指一侧朝向自己的腹部，位置在正中线脐部稍上远离剑突尖下。另一手紧握此拳，用力快速向上向内猛压6～10次。每次猛压动作应干脆、利索。

（3）快速猛压上腹，病人把上腹部快速压向任何坚硬面，例如椅背、桌边、栏杆等，然后作一连续猛压动作。

喉　咙

以上两种方法的原理是：通过猛压上腹部，使横膈抬高，迫使肺部排出足够的空气，形成人工咳嗽，将气道内堵塞的异物移动或排出。

（4）手指清扫。口腔张大，面对镜子，一手的拇指和其余手指握住自己的舌和下颏，使舌从咽后拉开，暴露异物。另一手的食指沿颊内侧插入，深达喉的舌根部，然后，用一钩取动作使异物松动落入口中，以便取出。

如何应对火灾

我们都知道“水火无情”。一旦发生火灾，财产受到损失的同时，还有

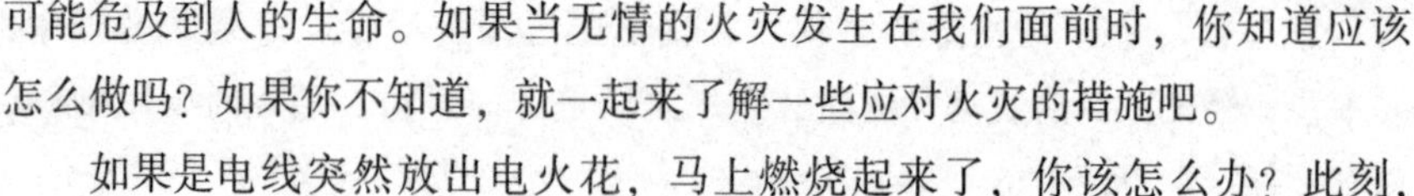

可能危及到人的生命。如果当无情的火灾发生在我们面前时，你知道应该怎么做吗？如果你不知道，就一起来了解一些应对火灾的措施吧。

如果是电线突然放出电火花，马上燃烧起来了，你该怎么办？此刻，不要被大火吓坏了，千万不要慌。你不应该跑去关电视开关。也不应该去碰别的电器的开关。电线已经着火了，这样做是很危险的。

你应该马上找到总电源，垫上椅子或桌子，爬上去把开关闸刀拉下，注意别用手摸着带电的地方。闸刀拉下来，电源就被切断了，这时你再跑去关电器的开关，然后找来灭火器灭火。如果你还不会使用灭火器，你可以到厨房里，在水龙头上接一根长管子，对着着火的地方喷水，火很快就会被止住了。

火 灾

如果是厨房着了火你应该怎么办？由于厨房面积比较小，如果做饭不小心引起厨房火灾，必须冷静，不要慌张。首先要迅速关掉煤气阀门，然后切断总电源，不要着急去灭火。关掉一切可能引起更大火灾的电器才是最聪明的办法。然后把所有房间的门都关上，防止火从厨房跑到别的房间，再用厨房的水龙头对着着火的地方喷射，也可以用灭火器灭火。如果火太大，立即打火警电话“119”，请消防队来帮你灭火。

最后，要提醒大家的是，对于小火，可以随手拿来扫帚、拖把等工具将其扑灭。如果火势很大，也要保持镇静，首先找到湿毛巾捂住口鼻，以防止被浓烟呛晕。逃生时，要尽量低头弯腰前进或者匍匐前进。

如果已经被烟火围困，那就要尽量呆在阳台、窗口等比较容易被人发现和相对避免烟火近身的地方。白天可以尽量找出鲜艳的衣服向窗外晃动，而晚上则可以用手电筒在窗口不停地闪动，或者用坚硬的东西敲击出声音，并尽可能地呼救。假如情况严重到已经很难做出这些时，就要尽可能地滚到墙边或者门边，以方便救援人员的寻找和营救，并且也可防止房屋塌落时伤到自己。

暴风雨来临了独自在家要做些什么

当“轰隆隆”的雷声，像从天空落下一枚炸弹在地上开了花时，一定会将你从睡梦中惊醒。此时，如果你的爸爸妈妈刚好有事外出还没回来呢，你应该怎么办呢？

此时，你不要惊慌、害怕，有些同学胆子比较小，一听见打雷就往妈妈怀里钻，但是现在妈妈不在家，你就是家里的主人了，家里的东西都必须由你来保护的。现在，就是你这个“小大人”发挥作用的时候了。

首先，你应该看看外面的情况，如果还没开始下雨，你应该马上把晾在阳台上的衣服收进来，把窗户关好。然后你把所有带电的东西都关掉，把电视机、电冰箱、录音机的把电源插头都拔掉，关掉电灯，爬上床去等爸爸妈妈回来。在此要提醒你的是，千万不要靠近窗户，也不要靠近暖气管，不要靠近金属做的东西，电视天线要拔掉，门也要关好。

不慎落水怎么办

当我们在河边行走或者玩耍时不慎掉入水中，应该怎么办呢？

首先，要尽量保持头脑清醒、镇定，相信自己一定可以获救，这种自信心是非常重要的。与此同时，落水后还要大声呼救。

其次，在水中要尽量让头上仰，露出口鼻，尽力呼吸，记住此时不可左右挣扎，这样既耗费体力又会使身体下沉。一旦感觉身体下沉，就马上屏住呼吸，如此一来身体就会因受到水的浮力而自然上浮了。

最后，当别人对你进行施救的时候，不要紧抱住救援者，要尽量放松，与救援者配合，这样获救的可能性就会增大很多。相反，如果救援者因被你紧紧抱着而使得手脚无法施展，则你不但可能无法得救，救援者还有可能被你拖着一起沉入水底。

面对地震应该怎么做

大地在剧烈地抖动，房间在左右摇摆，地震开始了。你该怎么办呢？是慌慌张张地逃出屋外安全，还是留在屋里安全呢？无数次地震后的余生者总结出了一个最重要的经验：镇静！

在保持镇静之余，首先要观察自己所处的环境。如果你是在家中睡觉突然被地震惊醒，那么，你应该做的不是急忙向外跑，而是应该钻到床底下，最好是远离窗户的床底下，躲在里边。这样你就可能不被重东西砸伤了。通常地震最长时间不超过几十秒，所以即使你爬起来往外跑，也来不及了。而且，如果你往外跑，夜里天黑，你可能看不见门和窗户，乱跑的话很可能被砸伤或摔伤，而且门和窗户是最危险的地方，因为门窗已经被压变形不容易打开了。如果你住在平房，门又是开着的话，你可以抓起枕头放在头顶上飞快地往外跑，跑到远离房子的平地上。

地　震

如果在地震发生之时，你正在教室中上课又应该怎么办呢？首先，如果你的教室在高楼里，就不要乱动乱跑了，你应该马上钻到书桌底下，降低你的重心，不让左右摇摆的地震的力量把你摔倒而受伤。因为书桌可以挡住砸下来的东西，不让你被砸伤。你也可以钻到床底下，也是为了不让东西砸伤自己。如果你的教室在平房，可以跑到外面比较开阔的地方，最好是操场、小院子中心。一定要远离窗户。

在此还要特别提醒大家，一般地震开始时，人的心理一下子接受不了，由于恐惧、害怕，人们会不知所措，而本能地四处奔跑，这是不可取的。因为在人们外逃的时候，大家都拼命往外挤，在极度的慌乱中你有可能被挤伤、踏伤，而且很多人被砸伤、砸死在门口。知道地震了，你应该镇静下来，寻找安全的避震地点，而不要拼命往外挤，更不要跳楼，跳楼是非常危险的，许多人因为跳楼而重伤致残，影响了以后的生活，是不可取的。

怎样防止皮肤被晒伤

适当的太阳照射，可以促使人的肌肤产生维生素 D，以促进骨骼对钙的吸收，可以说益处多多，可是任何事情都有利有弊，过度的太阳照射也会对身体造成伤害，如强光照射就会引发皮肤病，以及其他各种眼病。

因此，我们应该在太阳光比较强的时候，采取一些相应措施：

（1）穿着适当，在外出之前半小时涂抹防晒霜，任何裸露在外的肌肤都要照顾到，并且每隔两个小时左右就应重复涂抹一次。如果要外出游泳，或者害怕出汗，还可以选择防水的防晒霜。

（2）佩戴太阳镜保护眼睛。太阳镜的质量很重要，劣质太阳镜会损伤眼睛。

防　晒

（3）使用具有防紫外线功能的阳伞。在使用防晒霜的同时，最好随身携带一把阳伞，就可以确保阳光不会伤害到你了。

（4）吃一些具有防晒作用的果蔬，如西红柿、番石榴、豆制品之类的，此外，绿茶可以让因日晒导致皮肤晒伤、松弛和粗糙的过氧化物减少约1/3，所以，每天适当地喝一些绿茶也是不错的选择。

登山时怎样预防风寒

在我们登山的时候，很容易因受风寒而出现体力下降、判断力减弱的

情况。而此时也是意外最容易发生的时候，例如失足跌下山。有时也有因风寒感冒而夺走登山者性命的事情发生。

为了避免登山的时候感染风寒，我们一定要做好如下准备：

首先，在登山前一晚一定要休息好，保持充足睡眠，最好不要从事让自己太累的活动。在出发之前，还应吃一顿水分充足的营养早餐。在登山的途中还要不时地补充热量较高的零食，如巧克力等。

其次，登山之前一定要穿好挡风、保暖的衣服。外衣裤最好是防水材料制成的，还要准备两套衣服备用。不要携带过重的物品，以免在天气寒冷的时候引起疲劳和受寒。

登 山

最后，要提醒大家的是，如果在登山途中不小心感染了风寒，一定要尽快找个地方躲避风雨，脱去湿掉的衣服，换上干的。尽量裹住头部、面部、颈部和躯体，以保存身体热量。

遭遇空难应该如何应对

如今，随着交通工具的日益发达，人们乘坐飞机的机会也越来越多。当我们乘坐飞机翱翔在蓝天之时，最希望的就是能平安地到达目的地。但是，有时候人们还是会遇到空难。如果这种事情正好被我们遇到，应该如何应对呢？

飞机遇到故障初期，一定要服从安排，不可擅自行动。如果是密封增压舱突然失密释压时，要听从指挥人员的口令，正确使用氧气面罩，及时吸氧。如果机舱内失火，则要根据指挥人员的安排，积极灭火。如果不参加灭火，则应尽可能蹲下来，想办法将毛巾弄湿堵住口鼻，防止一氧化碳以及火焰气浪引起中毒和呼吸道烧伤。衣服着火时，不可奔跑，而是应该就地迅速扑灭。在飞机迫降过程中，不得解开安全带。女性应脱下高跟鞋，男性应解开领带，同时两腿分开，脚掌紧贴地面，双臂交叉用力握住小腿，以减少冲击和震动。飞机停下之后，要有序地从紧急出口疏散，并迅速转移到安全地带。

如果飞机残骸落在水中，则应及时把飞机的座椅取下来，用作简单救生器材，同时拿出飞机座位下方的救生衣穿上，以确保不溺水。

如果飞机是落在山林中，则要在安全逃出之后，观察飞机是否会发生爆炸，确保不会发生爆炸之后，再进一步寻找一些食品、淡水、衣物等，要尽量多收集这些物品，以备长期使用。如果飞机残骸仍然燃烧，就必须远离，并在安全地带观察燃烧情况。火势小些之后，如果体力允许，就要想办法消灭余火，因为一旦引起山林大火，自身同样难保。

如果脱险之后你发现自己处在荒无人烟之地，就应该查看当地地形情况，看有没有可以采摘的野菜、野果等；有没有可以抓到的动物，可以引用的水源。想办法搭建简易住房。同时，要根据自己的位置，选择适合的地点，以不同的方式不断发出各种求救信号。

在确保安全的前提下，可以找来木柴燃起大火，注意添加木柴，保持火种不灭。这样既可以预防野兽的侵袭，还可以确保有熟食吃，冬天的时候还可以取暖，更重要的是容易被救援人员发现。

遇到冰雹应该怎么保护自己

夏天气候炎热，近地面温度高，气流会快速上升，达到一定高度之后，便会遇冷结成冰晶，冰晶逐渐由小变大，当重量超过一定的限度之后便会随着雨水降落。这就是我们看到的冰雹。冰雹对人的威胁很大，如果遇到冰雹，自己却全无防范，则会十分危险。

那么，如果你遇到冰雹应该怎么做才是最安全的呢？

遇到冰雹时，如果恰巧在室外，条件允许时，应该立刻跑回室内，如果离房子太远，则就要就地隐蔽而不是一味地低头乱跑。

无论何时，只要有危险袭来，首先要保护好头部、颈部和腰部。如果有坚硬的物品，则可以将其放在头上保护头部。

如果周围根本没有可以躲避的地方，也没有用来保护身体的物品，此时不用着急，你还可以用双手抱住头部，然后将身体卷曲，呈半蹲姿势，尽量减少与冰雹的接触点。

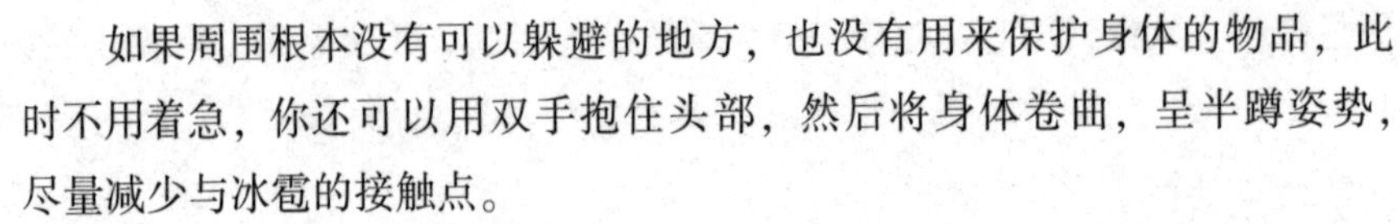

煤气中毒怎么办

冬天在室内生煤炉取暖，如果门窗紧闭，又不装烟囱，时间一长就会头晕、头痛、恶心呕吐、昏昏欲睡，甚至昏迷不醒。这就是煤气中毒。

原来，煤燃烧时会生成一种无色无味的一氧化碳气体。人吸入一氧化碳后，血液中的血红蛋白与一氧化碳结合，不能再输送氧气，人体内就会因严重缺氧而发生中毒现象。因此，煤气中毒，实际上就是一氧化碳中毒。

如果中毒时间较短，症状较轻，只感到头痛、头晕、恶心、站不稳等，这时只要离开中毒环境，及时吸入新鲜空气，症状就会消失。如果出现心跳和呼吸加快、烦燥、行走困难并逐渐昏迷等症状，没有被及时发现，继续留在中毒环境中，就会造成死亡。

一旦发现煤气中毒，要立即打开门窗，把病人抬到空气新鲜的地方，解开衣服，使其呼吸通畅，但应注意保暖。如病人呼吸微弱或刚停止呼吸，应及时进行人工呼吸，并送医院抢救。

人工呼吸要点如下：

首先，应使病人平卧，弄清患者口腔内的分泌物或者异物，保证呼吸道畅通。

其次，用一只手托病人后颈部，使其头部上仰，用另一只手捏住病人鼻孔，免得吸入的气体由鼻孔露出。

最后，深吸一口气，将嘴唇紧贴在患者的嘴唇上，将气全部吹人患者肺内，如果患者胸部可以隆起，说明方法正确。每分钟重复进行13次左右为宜，指导患

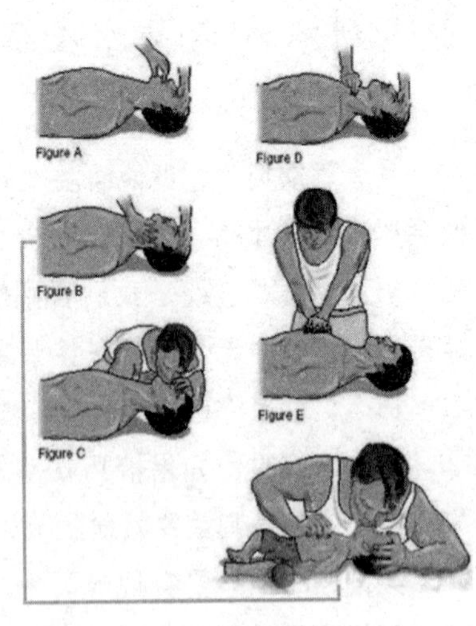

人工呼吸

者恢复自主呼吸为止。

如何远离“雪盲症”

“雪盲症”是一种急性眼病，是由于长时间在雪地里活动，阳光照到雪地上，紫外线反射到人的眼睛里，而造成眼角膜和结膜损伤。这种病往往是同时侵害双眼。其主要症状表现为：眼睛有异物感、痛痒难忍、频频流泪、怕见光、不敢睁眼睛、视觉模糊，眼睛里常分泌一些黏稠物。“雪盲症”在发病之后的1～2小时内症状表现最为突出，不过，只要好好地治疗和休息，一般在7天左右就可以痊愈。

如果有一天，你身处在一片茫茫白雪之中，一定要做好以下措施预防“雪盲症”的发生：

首先，要佩戴一副有色眼镜，即使是在阴天最好也带上。

其次，如果没有有色眼镜，还可以找到一张硬纸片，在对应双眼的位置各割一个水平裂隙，然后将硬纸片固定在眼前，通过割出的裂隙来看事物。

再次，如果以上两个方法都不行，还可以用手绢、一副帽子等遮住眼睛。另外，将眼睛眯起来，也可以有效减少紫外线对眼睛的照射。

最后，要提醒大家的是，在雪地上活动，一定要保持一定的警觉性，一旦觉得眼睛有轻微异常，最好立刻回到房间休息或者干脆闭上眼睛。

遇到陌生人无故跟你搭话怎么办

在路上，如果有陌生人问你路或者时间，你可以告诉他。但是，如果他还不想走开，继续跟你聊天，你就应该提高警惕了。例如，陌生人说他是你爸爸单位或妈妈单位里的同事，说他很喜欢你，要带你去动物园或者游乐园等地方去玩，你千万不要相信他。如果真是你父母的同事，要带你出去玩必须经你爸爸妈妈同意才行。再说，你根本不认识他，怎么能相信他呢。你应该问他，你叫什么名字，你爸爸妈妈是叫什么名字，在哪儿工

作，如果他答不上来，或者支支吾吾地不肯回答，你就赶紧走开，不要理他。

假如有陌生人说你爸你妈让他来接你，你千万不要相信他，不要上他的车，你应该告诉他你爸爸就在附近的商店里买东西，一会儿就回来，他一定是认错人了。如果他走开了，那他一定是个坏人。你要等他走远了，再飞快地跑回家，免得他再回来看见你还是一个人，知道受骗了，他会强行把你带走。如果陌生人说想找你爸爸或妈妈办点事情，请你带他去，你说爸爸妈妈还没下班，请他上单位里找去。如果他还要说别的，你也不要相信，赶紧走开。

有很多人贩子总是用好听的话、好吃的东西骗取小孩子的信任，然后骗他跟着自己走，到了无人的地方或者自己的住处，马上把小孩子绑起来然后运到别的地方卖掉。因此，碰到陌生人跟你没话找话说，你一定要提高警惕，不要轻易上当受骗。

在放学路上被人拦截了应该怎么做

如果你在放学的路上被人拦截了，问你要钱或者把你的书包抢走，你不给他书包他就搜你的身，这时你应该怎么办呢？

首先，你不要害怕，如果歹徒是陌生人，你要先记住他的长相特征，比如，他是大眼睛、瘦高个、圆脸、脸上有一道伤痕等等。事后你可以立刻到警察局报案，也可以向学校反映情况。

放学后最好不要一个人回家，而要多和几个小伙伴一起结伴回家，即使碰到坏人，人多也可以想办法对付他。你们可以派一个人去找老师或者报告警察，其余的人跟歹徒周旋争取时间。

如果你一个人碰到坏人，不要跟他硬斗，如果旁边有人或者有东西能帮助你，一定要想办法利用上。如果无法得到帮助就把钱给歹徒，但要记下歹徒的特征，记下歹徒的车牌号，然后去报警。如果听到附近有人的声音，还可以大声呼救，这样歹徒就会被吓跑。

大人不在家，陌生人敲门怎样应对

如果你的父母都上班去了，你一个人在家，这时听到有“咚咚”的敲门声，你应该怎么办呢？

此刻，你先不要急着开门，应该从门镜向外看，查看来人的衣着和神情。如果敲门的人神情不安，甚至有些慌张，你一定不能给他开门。如果来人说是你父母的同事，来找他们有事情，不管是真是假，都不要开门，告诉他们父母都不在家，请他明天再来。这时候不管他说有什么事，你都不能开门，因为他已经知道你家没有大人，如果是坏人，他一定会想方设法骗你将门打开。所以，此时不管怎样你都不能再开门了。

假如来人说是父母的远房亲戚，说你没有见过他，现在他大老远来看你们，也不要轻易相信他。先问问他的名字以及亲戚关系，然后请他等候一会儿，给父母打个电话将事情说清楚。如果真有这个亲戚而且外貌也和父母说的一样，才能开门，否则他就是坏人。

假如来人说是电工、邮递员、水暖工、物业人员，你要仔细观察他的衣着举止，看他像不像，如果来人神情举止可疑，千万不要开门。如果家中电线、暖气管道没有问题，来人说是检修电线或者暖气管道的，你就更不能给他开门了。如果碰到不认识的物业人员，也不要开门，告诉他大人不在家，请他等有大人在家的时候再来。

敲 门

假如有人说找人、卖东西，或者自称乞丐，也不要理他们，说自己什么都不知道，也不需要买东西，别开门。这些陌生人跟你一点关系都没有，所以，你完全没有必要理他。否则，万一碰上坏人，骗你将门打开，然后将你家里的东西抢光，还有可能伤害到你。

居家篇

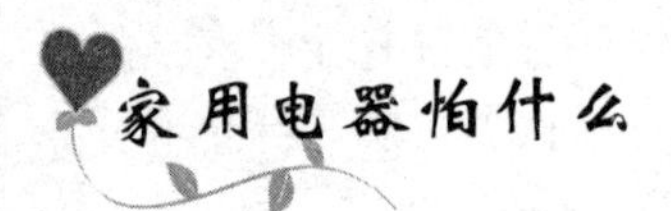

家用电器怕什么

随着越来越多家电产品被使用，人们的生活也变得越来越轻松、便捷。如果有一天，你身边的家用电器坏掉，相信你的生活一定会受到很大影响。为了减少家用电器因使用不当而坏掉，我们每个人都应该了解家用电器怕什么，然后，尽量规范地使用家用电器。

电视机最怕强磁场“干扰”。不容许带有磁性的物体在荧光屏前移动，否则将会导致色的杂乱。

计算机最怕挤压。因为液晶是用极其脆弱的材料装成的，重压和弯曲均会导致损坏。

电冰箱最怕倾斜。因为压缩机是用三根弹簧装在密封金属器中的，一倾斜就有脱钩的危险，使压缩机运行噪声增大，严重时造成压缩机报废。

洗衣机最怕倒开水。这极易造成塑料箱体或塑料组件变形，以及波轮轴密封不良。

电风扇最怕碰撞风叶。风叶变形，会导致运转不平衡，风量小，震动大、噪音强、寿命短。

电饭煲最怕煮酸、碱性食物。这样将缩短金属容器的使用寿命。

电热毯最怕猛烈折叠。因为其内部的发热丝又细又脆，而且易断。

照相机最怕长期不使用，电池也不取出。电池失效流出黏稠的液体在相机内，以致电路不通。

抽油烟机和换气扇最怕染上污秽过多。这样会增加其负担，降低效率，严重时造成电动机烧毁，应每月清洗一次。

电热水器最怕不接地。因为电热水器长期有水蒸气袭击其本身绝缘，容易造成绝缘降低而漏电，危及人身安全。

空调器最怕无节制地开关。要间隔2～3分钟以后，才不致使压缩机过载而缩短寿命。

家用电器

最后，要提醒大家的是，每一件家用电器都是怕潮湿环境的，所以，一定不要将家用电器放在这样的环境之中。

如何使用家电更节能

随着地球的生存环境越加恶劣，人们的环保意识也越来越强烈。对同学们来说，节能、低碳这些环保口号应该都已经不再陌生了，面对这些保护地球、保护环境的口号，我们除了要支持，还要在生活中有所行动。例如，我们可以从家电节能开始自己的环保行动。

冰箱、空调：当然最好买变频的，退一步也最好买有能效标志的（冰箱在后面的板面有详细的介绍）。空调在制冷的时候，如果每天按10个小时计算，每调高1度就能省电0.5度，如果您从24℃调到28℃，每天就能省下2度电。

热水器：最好还是用天然气的，水的比热大，电热水器实在太费电了。还有就是电视机，不看的时候最好关闭电源，不要经常使用待机状态，因为这个状态也是要耗电的。

微波炉：在加热食品时，给装大米粥和包子的碗外面套上保鲜膜，这样一来，食物的水分不会蒸发，味道好吃，而且加热的时间就会缩短而省电。

电熨斗：家里需要熨烫的衣物比较多，熨烫的衣物面料也不一样，不过，遵循一些顺序是很必要的。首先，熨烫耐温较低的化纤衣物，待温度升高后再熨烫耐温较高的棉麻织物。留着一部分化纤衣物，等到断电后利用余热再熨烫。这样一来，就充分利用了每一度电。

下面还有些节电“法宝”，如果都用，保证每个人都能成为节电、节能的“环保小卫士”：

(1) 如果家里有饮水机，不用的时候关掉电源，这可是笔不小的电费。

节电灯泡

(2) 由于我国大部分地区属于大陆性气候，昼夜温差大，如果你不嫌麻烦，冰箱的温度到晚上可以调得高一点。

(3) 电视机不看的时候要关掉电源，不要使用待机状态。其他电器包括电脑显示器也是如此。

(4) 电热水器如果只是一个人用，不用把水温调到最大。

(5) 空调设定温度调高几度，另外多用睡眠状态也很省电。

(6) 彩电或者显示器的亮度可以适当调暗一些，既保护眼睛又省电。

(7) 各种充电器等电器的变压器，不用的时候要拔下来，不然一样费电。

关灯看电视不好

相对于周围的环境来说，电视机屏幕的尺寸是比较小，其图像也较小。如果我们在黑暗中看电视，我们眼睛的视力就要高度集中和扩展，对电视机屏幕上光线的强弱反应特别敏感，电视图像的滚动或光线强弱的急剧变化，会使眼睛受到刺激。在灯光下看电视对眼睛有益，因为从屏幕到眼睛中间有一层白光线，这一层白光线可以减弱电视机屏幕上光线强弱变化的反应，这就减弱了对眼睛的刺激。

开灯看电视

由于我们眼睛看东西习惯于在适合的光

线下，在过强的光和光线不好的场合看东西，都会损害眼睛。因此电视要在适合的光线下收看。

如何清洗电视屏幕

电视机工作时荧光屏幕携带电荷，形成电场。空气中的带电尘埃在此电场的作用下，就会附着到荧光屏幕，天长日久，越积越多，影响观看甚至形成黑斑，造成对显像管故障的误判。所以，电视机荧光屏幕的清洁便成为电视机用户一项必要的工作。

荧光屏幕的清尘工作一定要在关机状态下进行。同时不能用鸡毛掸子、丝织品等物清扫，因为这类物品与被玻璃制品摩擦后，会使之带上电荷；如用这类物品清扫荧光屏，不但扫不干净，反而会将此类物品上的尘埃、丝毛等附着到荧光屏上。更不能用所谓的电器光洁剂或其他洗涤剂之类的东西来清理荧光屏。因为这些物品或多或少带酸、碱性，对玻璃制品会产生腐蚀，对荧光屏幕的光洁度会有影响。

其实利用照相机镜头清洁纸来清洁荧光屏幕尘埃是一种不错的方法。镜头纸是一种类似于无纺布结构的柔软性光学镜专用清洁纸张。制作时采用人工的方法，细致地将杂于纸巾可能损伤镜头的沙粒、纸筋等硬性杂物完全剔除，所以用它来清洁荧光屏幕时，不仅不会将其划伤，而且除尘效果好，不产生静电，也不会出现附着物，从而达到清洁和保护荧光屏幕的目的。

使用时，用镜头纸沿同一方向轻拭荧光屏幕后，再略加大力量用纸将荧光屏幕细致擦一遍即告完成。需要注意的是，第一遍要轻，以免划伤荧光屏幕。用这种方法清尘后的荧光屏光亮如新，一扫清尘前图像模糊之感。

空调与健康

美国科学家曾经对伯明翰和曼彻斯特两市使用空调的居民和不使用空调的居民进行了长时期的对比调查，发现前者较后者的发病率高出5%以

上。发病的症状大都表现为鼻子不通、喉咙干燥、头疼、胸闷、嗜睡、感冒等，特别是鼻炎的发病率要高出 5 倍以上。这说明，空调进入家庭为人们设定了环境的最佳温度，使人们享受到凉爽与舒适，但与此同时，也影响了人们的健康。

那么，为什么空调会影响健康呢？这是因为空调设备提供的是再循环空气，经过除尘，空气虽然干净，但并不新鲜，缺少一种空气中充足、人体不可少的负离子。换句话说，空调设备使室内负离子浓度下降。据测定，普通居室内每立方厘米含负离子数 50 个左右，安装空调装置后减少到 10 个以下，负离子的减少会使人体血浆中硒的浓度上升，导致室内人员失眠、易怒和精神紧张。此外，由于空调房屋普遍采取封闭式，使室内污染（如细菌、微量放射线等）日趋严重，除了给人们造成肺部和呼吸道疾患外，还可以造成四肢酸疼、全身发冷、结膜炎、腹疼、口歪眼斜和妇女神经性紊乱等，这就是近年来流行的病——空调病。

面对空调病我们是不是束手无策，只能任其危害我们健康呢？当然不是。其实，只要使用空调得当，就可轻松、健康地享受空调带来的好处。下面就为你介绍如何使用空调，预防空调病：

（1）使用消毒剂，它们可以杀灭空调装置中的微生物。消毒剂要反复使用，以防止微生物的生长。

（2）由于空调机的湿度调节器是助长细菌扩散的工具，它会把细菌带到每一个角落。所以应该减少室内相对湿度，并增添除湿器以防止细菌的滋生。

（3）凡剧烈运动后一身大汗时，切勿立即进入空调室，以免使张开的毛孔骤然收缩，受凉致病。

（4）不宜长时间呆在冷气室内，应该让皮肤有流汗的机会，多做运动，多喝开水，让毛孔通畅，以加快新陈代谢。

（5）空调和室外自然温度温差不要超过 5℃。

（6）有条件的话，最好使用开放系统机种的空调机，以保持室内外空气新鲜流通。

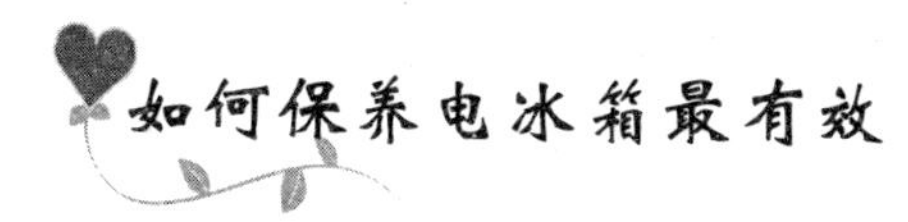

如何保养电冰箱最有效

长时间使用电冰箱，冰箱内部会产生很难闻的气味，甚至会滋生细菌，影响食品的原味，造成食物变质腐烂。所以，电冰箱使用一段时间后，要把箱内的食品拿出来，给冰箱搞一次大的卫生。

压缩机是电冰箱的心脏，而冷凝器却是冰箱的肝脏，如果沾上灰尘会直接影响到散热，导致零件使用寿命缩短，冰箱的制冷效果也会随之减弱。所以，要定期检查它们是否脏了，倘若非常脏，就要彻底清扫干净。

在清扫和清洗电冰箱时还应该注意几个问题：

（1）清洁冰箱时应先切断电源，用软布蘸上清水或食具洗洁精，轻轻擦洗，然后蘸清水将洗洁精拭去。

（2）勿用洗衣粉、去污粉、滑石粉、碱性洗涤剂、开水、油类、刷子等清洗冰箱。

（3）箱内附件肮脏积垢时，应拆下用清水或洗洁精清洗。电气零件表面应用干布擦拭。

（4）冰箱长时间不使用时，应拔下电源插头，将箱内擦拭干净，待箱内充分干燥后，再将箱门关好。

微波炉对人身体健康有影响

微波炉带给现代家庭的便利已经不用多说，今天，要和大家说说的是，微波炉在为我们提供方便的同时，还会给我们健康带来一些影响。

微波炉的频率为300兆赫～300吉赫，这种很短的无线电波能穿透或渗入人体，而且极难预测。若长期接触，虽其量甚微，却可造成一种污染，使人出现失眠、健忘、头痛、心悸、易怒、抑郁等症状。虽然，使用微波炉可能会对我们身体健康产生一些影响。不过，只要我们在使用微波炉的时候注意一些问题，还是可以和微波炉“和平共处”的。

首先，微波炉要选择平稳、通风的地方放置，其后部一般要留有不少于10厘米，其顶部不少于5厘米的空间，以利于微波炉进行排气散热，并且还要远离那些有磁场的家用电器。

其次，要习惯性地在微波炉中放置一杯清水，到使用的时候拿出来，避免微波炉在空转的时候被烧坏。

再次，不得用微波炉对密封的食品进行加热，像袋装、瓶装、罐头食品。否则，它就有爆炸的可能。

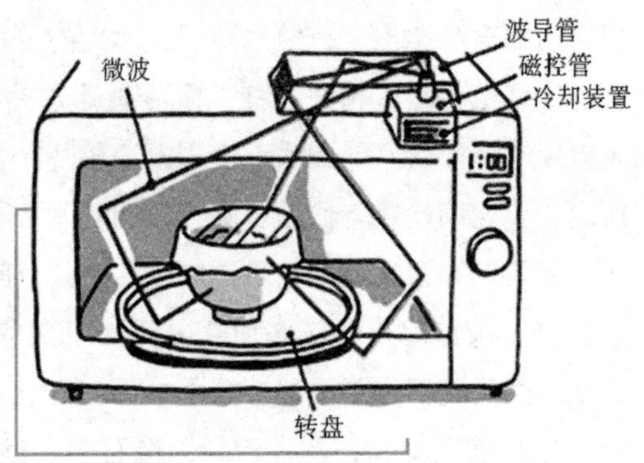

微波炉

最后，使用微波炉加热食品时容器内不要放得太满，最好不超过1/3。另外，不直接用托盘盛加热食品。加热大件食物时要加热一段时间后将食物翻身，以达到均匀加热的目的。

此外，使用微波炉还应切记一点，就是不能在微波炉炉门打开时试图启动微波炉，这是十分危险的，也不要将眼睛靠近观察，以防止微波辐射对眼睛造成伤害。

使用电热毯注意事项

电热毯是一种家用电暖器具，它不仅具有温暖、舒适、卫生、轻便等优点，而且对风湿病、腰腿痛、关节炎和气管炎等疾病有一定的疗效作用。因此，电热毯已成为人们非常喜欢的“暖炕”了。但使用电热毯应注意以下几点事项：

（1）在用电热毯之前，要详细阅读说明书，并按规定安装和通电。电热毯要平稳地放在床上，不要折叠和卷曲使用。否则，容易将电热毯损坏。

（2）使用无高低档调温装置的电热毯，通电时间不易太长，一般睡前通电加热，入睡时关掉电源；对装有高低档调温装置的电热毯，在睡前应开高温档进行预热，预热时间在正常电压下为半小时左右，人躺卧后要改开低温档进行保温。

（3）电热毯的温度应掌握在38℃左右为宜，最高不能超过40℃。超过40℃对人体会产生一定的副作用，引起皮肤过敏、瘙痒，甚至会出现大小不等的丘疹，使人彻夜难眠。

（4）不要在电热毯上放置尖锐的金属物件和又重又硬的物品，更不能让小孩在电热毯上蹦跳玩耍，以免划破电热毯或损坏电热线，引起触电的恶果。

（5）电热毯不发热是常见的现象，除了插头、开关和保险丝失灵外，一般都是因电热线折断造成的。这时不要擅自连接继续使用，应立即送电器维修部门进行修理。

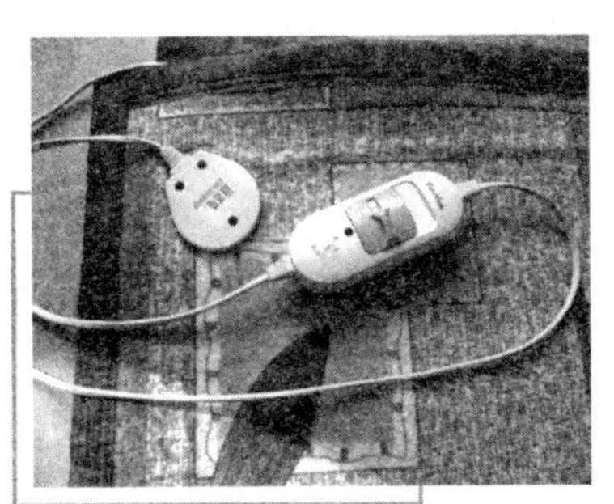

电热毯

（5）如果电热毯弄脏了，可用刷子蘸水刷洗，但千万不能用力揉搓；否则，极易将电热线折断。长期不用的电热毯，应晒干叠齐后放入袋中，妥善保管。特别要注意防潮。

如何安全使用电吹风

电吹风虽然是一件很小的电器，但其却是日常生活必不可少的。很多人经常会在洗过头之后使用电吹风，这样既节省时间，又健康方便。不过，大家在使用电吹风吹头发的时候，一定要注意安全。

使用时，一旦发生异常情况，一定不要着急，要先拔下电源插座，再进行检查，不可盲目使用。

另外，不能把刚刚用过的电吹风放在纸或者干燥的布上，以防引起火灾。更不能将电吹风随意扔在角落，因为高温状态下的电热丝有折断或者变形的可能。还有如果电热丝碰到外部机壳在下次使用时会漏电，容易造成危险。

最后还要注意，电吹风在进水或者潮湿的情况下时不能使用，以防止发生漏电和触电事故。

电器突然着火怎么办

日常生活中，难免会出现因电气的防潮、防热、防雷击、防尘、防变压等问题处理不当而导致电气着火。

一旦发生电气着火，一定不要慌乱，而是应该采用正确的方法处理，否则会给我们的生命和财产带来不可估量的损失。

当遇到电气起火的时候，应立即切断电源，不要轻易碰触电器，因为此时电器倒地可能会造成更大的火势。必要时，要用厚棉被将起火的电器尽量密封起来，如果火势太大就必须要用水或者灭火器灭火了。不过，需要注意的是，灭火的时候一定要站在起火电器的侧面，防止电器因骤冷爆炸而伤到你，与此同时，还要移开周围的易燃物品，以避免加大火势。

家电着火

怎样用电安全、合理

现在，电已经成为我们生活不可或缺的重要物质。不管是休闲娱乐，还是炒菜做饭都需要电的帮助才能更好、更快捷地完成。所以，学会如何安全用电，就成了每个人必须掌握的一门知识。那么，怎样用电安全系数才能达到最高呢？

首先，对电器不够了解的时候，不要盲目操作。

其次，如果遇到不慎触电的情况，一定要先关闭电源开关或者拔掉电源插头，并尽快离开电源。如果遇到他人触电，一定不要用手去摸他，要找一根木棍将对方与电线剥离。如果触电者昏迷，要及时对他进行人工呼吸和心脏按压，并且不要轻易放弃。

最后，在日常生活中，还要注意一些生活常识，比如雷雨天气不去大树或者古老的建筑物下面避雨；不用湿手去碰电源以及电气开关；不在电线上晾衣服；不爬电线杆，也不在电线杆附近放风筝等等。

怎样避免电磁辐射

世界卫生组织已经将电磁辐射列为继水源、大气、噪音之后的第四大环境污染源。因此，我们应该学会如何有效避免电磁辐射，争取将危害降到最低。

（1）家用电器不要摆放得过于集中，并且要避免经常一起使用，特别是电视、电脑、电冰箱不要集中摆放在一起。我们在使用各种电器时，还应保持一定的距离。值得注意的是，电器在待机状态下也会产生辐射。

（2）在使用电脑的时候，最好在电脑的荧光屏上贴上防辐射膜，这样可以减轻视觉疲劳。长时间操作电脑时，还要注意休息，并且保持一个最适当的姿势，眼睛要远离电脑屏幕，最好不得小于50厘米，双眼要平视或者轻度向下注视荧光屏。在使用电脑之后，最好用清水洗洗脸。

（3）在我们接听手机的一瞬间，释放出的电磁辐射是最大的。所以，我们可以在手机响起一两秒或者电话铃间歇的时段去接听电话。此外，还应尽量缩短通话时间。

电磁辐射

最后，要提醒大家的就是要注意饮食，尽量多食用牛奶、鸡蛋、卷心菜、紫甘蓝、胡萝卜、西红柿、香蕉、苹果等富含维生素A、维生素C以及蛋白质的食物，这些食物都具有防辐射损伤的功能。另外，经常服用枸杞子、菊花、决明子、绿茶也具有防辐射的保健作用。

学会保持键盘的清洁

现在，随着使用电脑频率的增加，我们与键盘、鼠标的接触也越来越多。而这就要求我们一定要注意使用键盘与鼠标的卫生，尤其是键盘。每天键盘上都会有大量灰尘，有时候我们坐在电脑前吃东西的残渣还会掉进键盘，时间一长键盘就成了细菌滋生的场所。而我们的手指每天都要在键盘敲击，如果不注意键盘卫生，很可能会影响我们的身体健康。

如果我们想要健康地使用键盘，就一定要注意键盘的清洁。下面就为大家介绍如何才能更好地清洁我们键盘。

（1）拆开后盖：首先将键盘插头从主机上拔下，翻过来就可以看见背面的固定螺丝。将背面的所有螺丝全部拧下，就可以将后盖拿下来。

（2）拆下电路板和电路胶片：将键盘的后盖拆下后就看到了软的电路胶片。电路胶片的结构是3层，各层胶片之间若有杂物进入，就会造成按键失效，所以这3层电路胶片也是我们清洁的对象。在3层电路胶片上没有固定的螺丝，可以直接拿下来，它们是通过胶片上的圆孔来固定的，外面的螺丝穿过电路胶片上的圆孔固定在前面板上。键盘的电路板并不大，没有螺丝固定，也可以直接拿下来。电路板上也没有太多的元件，只有几条电路线连接。在电路板的另一面有3个指示灯，这就是你的键盘右上角的"Num Lock"、"Caps Lock"和"Scroll Lock"指示灯。

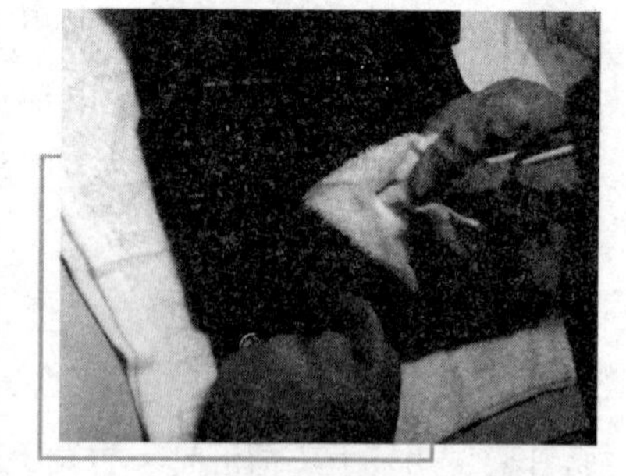

清洁键盘

（3）拆下所有的按键：将电路板和电路胶片拿下来后就可以拆下所有的按键了。在每个按键上都有一个独立的橡胶垫，先把它们全部拿下来。在橡胶垫全部拿下后就可以拆按键了。按键是用塑料的卡扣来固定的，所以只要用力拔就可以将其拆下。

（4）全面清理：现在所有可拆下的零件都已经拆下来了，就等清洁了。

对键盘面板可以先用刷子将那些细小的杂物清除，再用布擦干净。3 层的电路胶片也可以这样来清洁，按键可以用水来清洁，也可以用专用的清洗剂来擦洗。

(5) 安装：清理完了之后就是要安装了。有一点是大家需要注意的，就是看看所有的橡胶垫是不是都“规规矩矩”地在自己的位置上，避免在安装其它零件时发生错位。

洗衣机中带入硬币怎么处理

打开洗衣机盖，你就会发现，在内缸下部有一个圆形的波轮。通电后，随着波轮的旋转，使洗衣缸内的水上下翻滚，这样才能将衣服洗干净。然而，有时会发生这样的情况，突然洗衣机内响起很大的噪音，波轮仿佛转不动了，水也翻滚不起来。这是怎么回事呢?

原来，波轮是被一些小东西卡住了。比如我们口袋中的硬币，如果没有事先取出来，在洗衣机内它们很容易滑出来，掉进波轮下惹出麻烦。还有一些衣服上松动的纽扣，在洗涤的过程中也会掉在波轮里。你可不要小看这些小东西，它们卡在波轮下面，使波轮不能正常运转，不仅产生很大的噪音，还会使电机受阻，发热过度而烧坏呢。

那么，万一发生这种情况，应立即拔掉电源插头，把洗涤液放掉，再关好排水开关，然后放进半盆清水，将洗衣机朝波轮旁的流水口方向稍微倾斜，用手缓缓来回转动波轮，硬币或是纽扣等这些小东西就会滑到流水口上，再用镊子取出来即可。注意千万不要在未拔电源插头时，把手伸进洗衣缸内，以防触电。

为了避免这类事故发生，在洗衣服时，必须首先清除衣服口袋中的物品，并检查一下纽扣有没有松动。最好把衣服翻过来，反扣住扣子，也可以防止纽扣被磨坏。

怎样使用电风扇更合理

每到夏天的时候，电风扇就会成为最受人们欢迎的家用电器之一。尤其

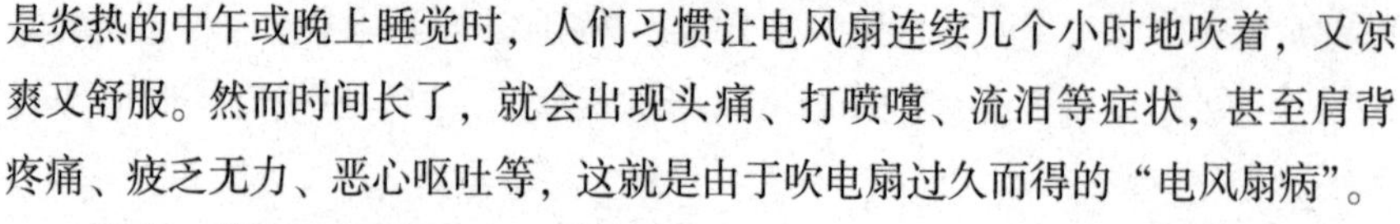

是炎热的中午或晚上睡觉时，人们习惯让电风扇连续几个小时地吹着，又凉爽又舒服。然而时间长了，就会出现头痛、打喷嚏、流泪等症状，甚至肩背疼痛、疲乏无力、恶心呕吐等，这就是由于吹电扇过久而得的“电风扇病”。

其实，使用电风扇是有一定讲究的：

（1）使用的时间不可过长，以 30 分钟到 1 个小时最好，而且转速不要太快。

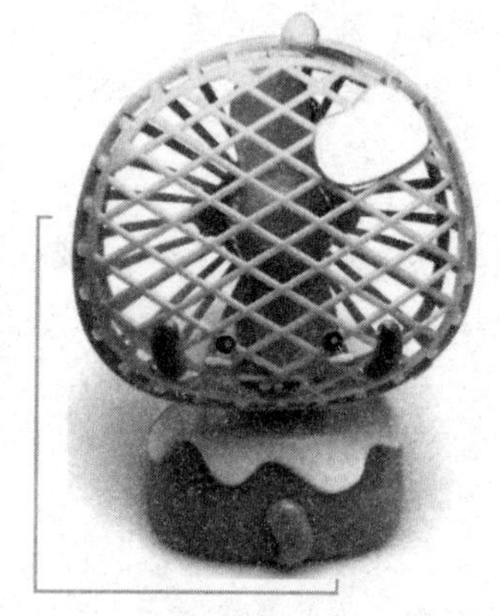

电　扇

（2）电风扇最好不要直接吹向人体，也不要距离太近。适当的距离应是使人感到微风阵阵。吹一段时间后，应调换一下电风扇的位置，或人体变换一下方向，以免一侧受凉过久。

（3）睡觉时最好不使用电风扇，以免受凉。如天气太热，需要使用电扇时，也应定时，最多不超过 1 小时。并注意将电风扇远离床铺，高于或者低于床沿水平位置，用慢速和摇头轻吹。不要将电扇长时间对着头部吹。

（4）身体虚弱的人如久病未愈的病人，感冒或者有关节炎的人都尽可能不使用电扇。

（5）如果吹电风扇后，出现上述症状，并且几小时后仍然不消失的，就应到医院请医生治疗。

最后，还要提醒大家，使用电风扇的时候，一定要注意卫生，千万不要贪图一时痛快而不顾身体健康。

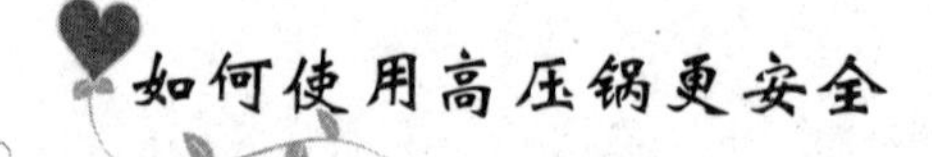

如何使用高压锅更安全

高压锅已逐渐普及于广大城镇家庭。但是由于使用不当，经常发生烫伤事故。高压锅的爆炸，主要是因排气孔、安全塞被堵，或是在食物煮熟后没有冷却，而急于打开锅盖，这时锅内的高压就会爆发出来，滚热的食物常常喷射而出，烫伤周围的人。那么，怎样预防高压锅爆发而引起的烫伤事故呢？

(1) 高压锅里放的食物和佐料，不要超过它的容量的4/5。扣盖时要检查排气孔、安全塞是否畅通，有无残留的饭粒或碎渣，然后再转动手柄，使上下手柄完全重合。

(2) 用高压锅煮整鸡、整鸭、大块排骨、大块肉等时，要在上面用东西将食物罩住，以防食物漂起来，堵塞排气塞和安全塞孔。

(3) 当锅内食物煮沸时，排气孔会稳定地排出线状的蒸气，这时才可以将限压阀扣在排气孔上，限压阀上不要放任何东西，以免失灵。当限压阀被高压气流缓缓抬起时，要减弱炉火，直到食物煮熟。

(4) 使用高压锅煮食物，切忌三心二意。要注意不同食物煮的时间长短不同，还要仔细观察排气孔排气是否正常。若煮的过程中排气孔发现异常或迟迟不往外排气，一定要迅速端下锅，等冷却后进行检查。如果排气孔长时间被堵，锅内压力太大，很容易发生爆炸事故。

(5) 如煮的是易熟食物，在限压阀放气时，就要把锅端下。但是注意端下锅后，不要立即开盖，应用冷水冷却，或要足够的时间使其自然冷却，将锅内的高压消除后，再打开锅盖。

(6) 高压锅垫圈用久了便会老化漏气而报废。出现这种情况，可到百货公司买些白色寸布带，浸透水后拧成单股绳状，嵌入漏气旧圈的凹槽中(注意不要拉紧)，每次使用时绳带上泼些水使其湿润，锅圈就可以继续使用了。

安全使用电磁炉

电磁炉由于安全、卫生、节能、无火烹饪、使用方便等特点而深受消费者的青睐，但电磁炉的众多品牌让顾客选择起来很困难。电磁炉是大功率电器，我们在使用的时候尤其更要注意，下面就来为大家介绍一下电磁炉日常使用的注意事项：

(1) 电磁炉最忌水汽和湿气，应远离热气和蒸汽，炉内有冷却风扇，故应放置在空气流通处使用，出风口要离墙和其他物品 10 厘米以上，它的使用湿度为 10 ~ 40 度。

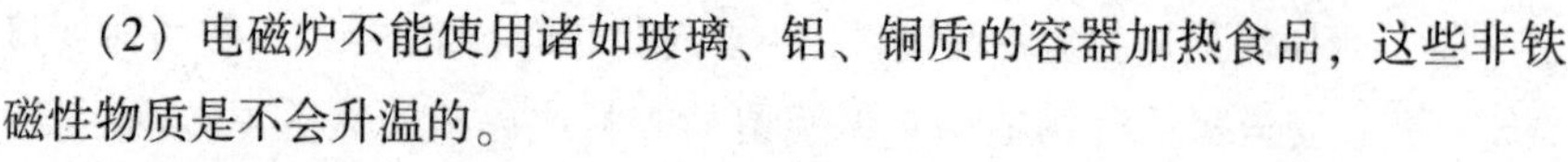

（2）电磁炉不能使用诸如玻璃、铝、铜质的容器加热食品，这些非铁磁性物质是不会升温的。

（3）在使用时，炉面板上不要放置小刀、小叉、瓶盖之类的铁磁物件，也不要将手表、录音磁带等易受磁场影响的物品放在炉面上或带在身上进行电磁炉的操作。

（4）不要让铁锅或其它锅具空烧、干烧，以免电磁炉面板因受热量过高而裂开。

（5）在电磁炉 2～3 米的范围内，最好不要放置电视机、录音机、收音机等怕磁的家用电器，以免收到不良影响。

（6）电磁炉使用完毕，应把功率电位器调到最小位置，然后关闭电源，再取下铁锅，这时面板的加热范围圈内切忌用手直接触摸。

（7）要清洁电磁炉时，应待其完全冷却，可用少许中性清洗剂，切忌使用强洗剂，也不要用金属刷子刷面板，更不允许用水直接冲洗。

液化石油气灶漏气怎么办

液化石油气使用不当，或者管理不善，经常会发生漏气情况，引起火灾、爆炸等事故。由此可见，安全使用液化石油气，对每个家庭来说都十分重要。下面就带大家一起去了解，安全使用液化石油气需要养成哪些好习惯。

（1）液化石油气罐要安置在阴凉通风处，不能靠近高温热源或者在烈日下曝晒，否则罐内气体受热膨胀，压力增大，容易往外冒。

（2）气罐与明火灶不要在同一个地方使用，要至少保持 1 米以上的距离。

（3）在使用之后，要将总阀和灶具开关全部关闭。

（4）气罐要直立使用，不能平放倒置。搬运气罐时要避免撞击滚动，要轻拿轻放。

（5）不知道怎样使用气灶的人，尤其是青少年，不要乱动气罐或者气灶，以防漏气。

（6）不用的气罐，剩余的残液不要往外乱倒，应挖坑深埋，否则遇火极易燃烧。

（7）要经常检查气罐、炉灶管路连接处有无漏气的地方。发现有磨损破裂漏气，应立即停止使用，进行检修。

那么，怎样检验液化石油气灶漏不漏气呢？

有人用划着的火柴各处燃烧，这样很危险。可用一把大毛刷，把肥皂水涂到检查部位。肥皂水如果冒起泡来，说明漏气。还有一种简单可行的办法：先将灶具上的总阀开关开 1～2 分钟，在 1 小时后，不开总阀，只开灶具开关，同时点燃炉灶，如果燃起一股火苗，说明灶具不漏气，可以放心使用。

液化气

最后，还应注意，如果发现漏气，严禁吸烟和开关电灯、电闸，应立刻打开窗户通风。

安全使用燃气热水器

燃气热水器是以可燃性气体——液化石油气、人工煤气、天然气等为燃料对水进行快速加热的器皿，具有热效率高、出热水快、持续恒温、容易调节、体积小等诸多优点，越来越受到广大的消费者的青睐。然而，由于一些人采用了不正确的安装和使用方法，引发了一些安全事故，令人扼腕叹息的同时，也使燃气热水器的发展蒙上了一层阴影。为了让你安心享受到燃气热水器为你提供的便捷和舒适的沐浴，在此要特别提示安全使用燃气热水器的方法：

（1）燃气热水器必须安装在浴室外（平衡式燃气热水器除外），并且必须按照国家标准安装排烟管，以便在使用时把燃气热水器产生的废气排至室外，否则可能会导致一氧化碳中毒事故。

（2）使用燃气热水器时必须保持室内通风良好。

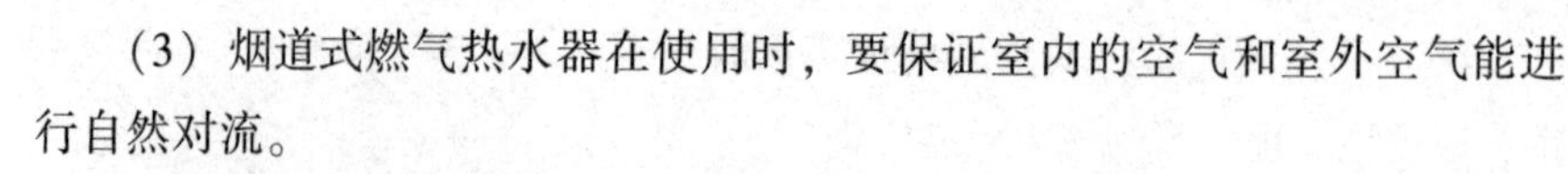

(3) 烟道式燃气热水器在使用时，要保证室内的空气和室外空气能进行自然对流。

(4) 烟道式燃气热水器在大风天气条件下，需谨慎使用。如果发现有风顺着烟道倒灌进入室内的情况发生，务必不要使用。

(5) 燃气热水器须由厂家指定的专业人员进行安装，并由专业维修人员定期清理热交换器片上的积炭和灰尘，确保烟气排放畅通。

(6) 直排式家用燃气热水器已被国家禁止生产和销售，但仍然有一些用户还在继续使用，存在安全隐患。请这些用户要注意及时更换，可使用强排式燃气热水器或平衡式燃气热水器。

科学使用燃气灶具

(1) 调节风门。所有燃气灶具都必须注意调节火焰和风门大小，使燃烧火焰呈蓝色锥体，火苗稳定。因为风门过大，空气量太多，火不易点着；风门太小，易产生红火和不完全燃烧。对于带熄火保护装置的燃气灶，风门调节比例为：一只直接连通小炉头的风门要尽量关小，另一只通向外圈的风门打开扇面的三分之一即可。

(2) 正确点火。带熄火保护装置的燃气灶具点火时，按下按钮，打开开关出现火苗后，不能马上松开，至少要按下开关3秒以上方能松开。因为这类灶具的小炉头部位有一只热电耦，它需要预热后，才能使磁吸阀被紧紧吸牢，之后气路才处于打开状态。否则，气路会被自动切断。

(3) 定期保养。爱护灶具，保持灶面清洁，燃烧器上的火孔易被稀饭、菜汤、药汁、灰尘等污物阻塞，应随时去污，擦掉水渍，定期用小铁丝疏通灶具炉头上的通气孔，防止堵塞。

(4) 经常检查。经常检查旋塞阀（金属管与橡胶管接头处的阀门）的密封性能，要及时上油；经常检查连接软管是否有龟裂老化现象，发现问题要及时更换新胶管。

合理使用吸尘器

要想使家用吸尘器少出故障，延长使用寿命，就要懂得怎样合理地使用吸尘器。

首先，吸尘器的连续使用时间一般不应超过 1 小时，最好是用用停停，间隔使用，以免电机过热烧毁。使用时还应注意保护电线的绝缘保护层，以防长期在地上拖拉、摩擦而引起破损、漏电。

其次，吸尘器不能用于吸除金属碎屑或者粉末，吸尘时还应注意不能吸入燃着的烟头以及锋利、尖锐的杂物，否则会损坏电机和集尘袋。此外，吸尘器也绝对不能用来抽吸污泥浊水或者其它液体，以免漏电和损坏电机。

吸尘器

再次，应该经常检查集尘袋里是否积满了灰尘，要清理干净后再使用，不要在灰尘积满后继续使用。发生故障后应立即进行检修。

最后，使用完毕，应用温布将吸尘器擦拭干净，将集尘袋的污物、毛刷上的毛发、线屑等及时清除，然后在阳光下晾干。

如何选购适合自己的家具

家具是每一个家庭都不可或缺的家居用品。现在，家具的种类越来越多，样式也十分丰富，这样很多家庭都变得越来越漂亮、舒适。不过，有些家具虽然外观漂亮，但环保标准并不合格，甚至含有甲醛等一些有害气体。这对家居环境，以及青少年的生活、成长都构成了严重危害。由此可见，青少年朋友也应该了解一些选择家具的知识，才可以为自己和家人选择到最适合的家具。

首先，要看甲醛释放量。国家对于家具中的甲醛释放量有着极为严格的限制要求，国家标准中家具的甲醛释放量必须≤1.5 毫克/升方能判为合格产品。甲醛已被世界卫生组织确定为致癌和致畸形物质，是公认的变态反应源，也是潜在的强致突变物之一，其释放量超标将严重危害人体健康。

其次，要看家具是否符合环保标准。从 2005 年 10 月 1 日起，中华人民共和国国家质量监督检验检疫总局出台的《家具使用说明书》正式实施。这一使用说明标准的出台，意味着今后消费者不论走到哪里去买家具，都可根据这本详细的说明书得到所购家具的信息，包括家具的材料、性能、款式、规格和安全、健康、环保等数据。另外，这本说明书本身也可以作为消费者的维权依据。

再次，选购青少年家具的时候应注意其潜藏的危险，将其安全性摆在首位。先看儿童家具的外形架构是否稳定，再看青少年家具的高度是否适中，最后看一些细节，比如家具上是否有突出的部件，否则很容易造成误伤。此外，还有部分劣质油漆在青少年家具中也应当注意，甲醛、氨、苯等化学物质含量超标对青少年健康的损害严重，切不可图便宜而草率购买。

最后，在选择青少年家具，最好购买品牌产品，并可以根据家具的特点，查看商家的检测报告以及家具使用说明来了解家具的性能。而在选择家具以后，最好能进行通风，保持良好的通风环境。

怎样正确选择枕头

我们一生之中大约有 1/3 的时间需要在枕头上度过，那么，我们怎样才能舒适、健康地度过这些时间呢？

正常人的脊椎有 3 个生理弯度，而颈椎呈前微凸。因此人的头枕部和后背不在一条直线上，二者之中有一凹陷，大约成 150°的角。选择的枕头高低正好使人保持这个生理弯度，就能使颈部的神经、肌肉处于松弛状态，脑部血液供应正常，有益于休息和睡眠。同时使颈部呼吸也通畅，不容易打呼噜。如果长期使用过高的枕头，颈部被固定在前屈位，久而久之就会改变颈椎原来的生理弯度，颈部的骨骼就会出现形状上的变化，发生颈椎半脱位，周围的神经、肌肉就会受压，而造成肌肉酸痛、头痛、肩关节周炎等。同时颈部前屈位还会压迫颈部动脉，使大脑供血不畅，常引起脑轻度缺氧，加速脑细胞的消耗。枕头过低或者不用枕头，由于头部位置低，容易使静脉血流充足，静脉回流不好，脑血流阻力增加，脑动脉血流量减少，造成脑缺氧和新陈代谢功能下降，代谢产物不易排出，而使人头胀、头痛、头晕，周身无力，睡卧不安。同时颈椎的生理弯度改变，使肌肉伸张，神经、肌肉在紧张状态下，发生痉挛而产生肌肉痉挛性头痛，令人睡眠不安。大多数人经常出现落枕现象，就是枕头高度不适合的结果。那么，选用枕头的高度为多少才适合呢？研究发现枕头的高度在6~9厘米时候，脑电图出现了平稳休息波，这是最舒适的，也有人认为一肩的高度比较适合。

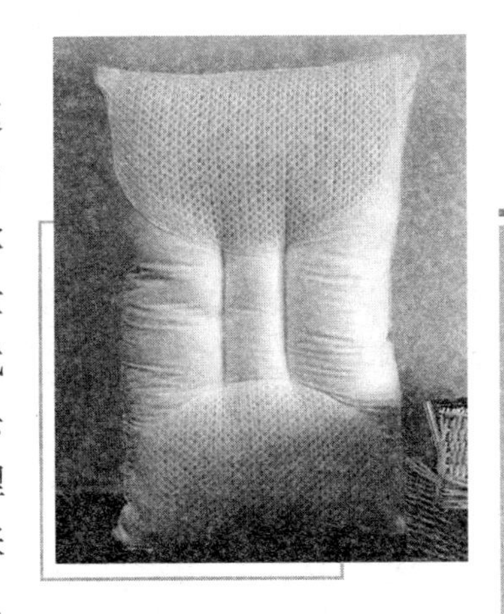
枕　头

冬天如何选择棉被

人造棉被的优点是轻软、便宜，选择范围大。人造棉是用人造纤维制成的，它轻软、蓬松而不易板结。正如同差异较大的价格一样，人造棉被的质量也差异较大。一般来说，100元以下的低价位多为普通人造纤维，使用一定时期后蓬松度会有所下降；200元左右的一般为单孔中空纤维填充，蓬松度及保暖度较好但多不能洗涤；300元以上的多为四孔纤维制成，有较高的耐用性，不易板结变形，很多产品明确标明可以洗涤。

羽绒被的优点是蓬松、暖和，使用年限长。从制作工艺上讲，目前市场上常见的羽绒被分为两种类型，一种是被面上下两层直接缝在一起的压透被，其特点是价格便宜，外观平整，一般重量为1~1.5千克左右，适合较温暖的居室选用。另一种是立体被，上下两层被面并不是缝紧，而是用一条条横竖排列的立体网面连接，因此充绒量可更大，更为蓬松、暖和。立体被的重量一般为1~2千克，适合较冷的居室选用。

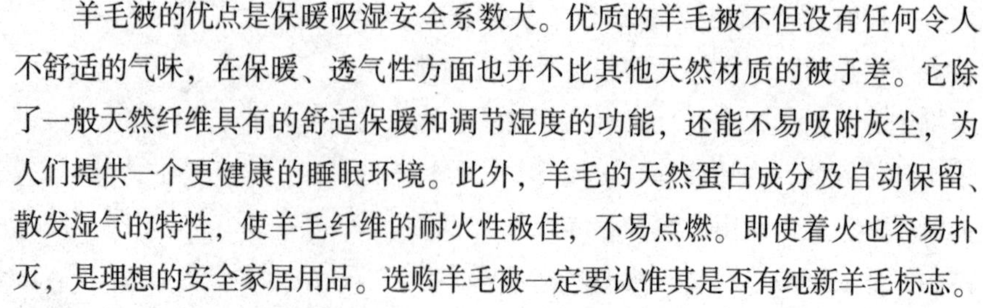

羊毛被的优点是保暖吸湿安全系数大。优质的羊毛被不但没有任何令人不舒适的气味，在保暖、透气性方面也并不比其他天然材质的被子差。它除了一般天然纤维具有的舒适保暖和调节湿度的功能，还能不易吸附灰尘，为人们提供一个更健康的睡眠环境。此外，羊毛的天然蛋白成分及自动保留、散发湿气的特性，使羊毛纤维的耐火性极佳，不易点燃。即使着火也容易扑灭，是理想的安全家居用品。选购羊毛被一定要认准其是否有纯新羊毛标志。

怎样挑选毛巾

根据织品的用途和形状，毛巾类织品一般分为毛巾、枕巾、浴巾、汗巾、餐巾、毛巾被、毛巾布和其它装饰用品等，总称为“巾类”。

毛巾织品的质量，主要从物理指标、织造疵点、外观疵点三个方面鉴别。除物理指标需要经仪器测定外，织造疵点和外观疵点统称为表面疵点，从外表检查便可以确定。

（1）织造疵点。主要包括断经、断纬、拉毛、稀路、毛圈不齐、毛边、卷边、齿边和缝边跳针等。对上述毛病，通常可以对着阳光透视或平铺观察便可以鉴别。

（2）外观疵点。主要包括错色、掺色、锈渍、污渍、油渍、木印歪斜和模糊不清等毛病。这是印花、漂染的毛病，一般都可以靠眼力鉴别出。

（3）脆损次品。这是由于漂白和显色处理不当，发生氧化纤维素或水解纤维素的毛病，致使织物脆损，严重的用手一戳即破。一般情况织物呈灰白色或带有灰色的，都是有这类问题。或从织物中抽出两根棉纱，如果断纱声比较脆，说明质量好；没有脆声，说明有毛病。

毛　巾

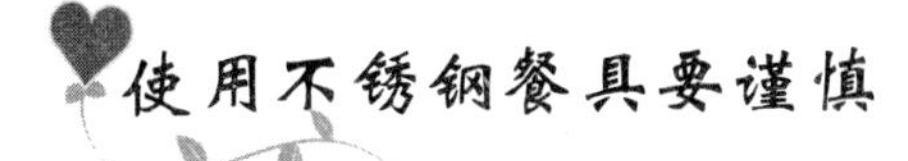

使用不锈钢餐具要谨慎

不锈钢是由铁铬合金再掺入其他一些微量元素而制成的。由于其金属性能良好，并且比其他金属耐锈蚀，制成的器皿美观耐用。因此，越来越多地被用来制造厨具，并逐渐进入广大家庭。

但是，如果使用者缺乏有关方面的使用知识，使用不当，不锈钢中的微量金属元素同样会在人体中慢慢累积，当达到某一限度时，就会危害人体健康。所以使用不锈钢厨具、餐具时必须注意以下几点：

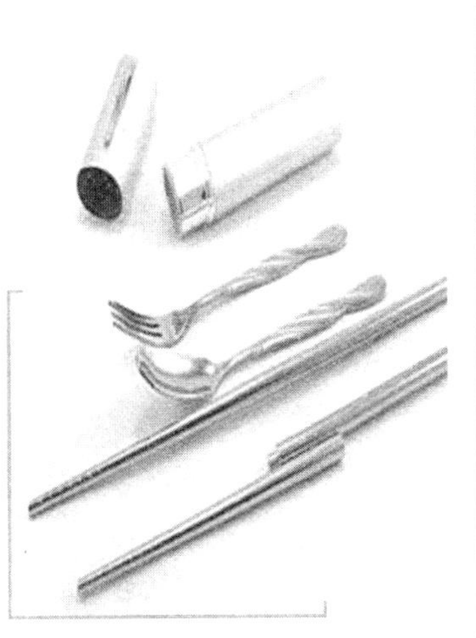

不锈钢餐具

（1）不可长时间盛放盐、酱油、菜汤等，因为这些食品中含有许多电解质，如果长时间盛放，不锈钢同样会像其他金属一样，与这些电解质发生电化学反应，使有毒金属元素溶解出来。

（2）不能用不锈钢器皿煎熬中药，因为中药中含有很多生物碱、有机酸等成分，特别是在加热条件下，很难避免不锈钢不与之发生化学反应，而使药物失效，甚至生成某些毒性更大的化合物。

（3）切勿用强碱性或强氧化性的化学药剂如苏打、漂白粉、次氯酸钠等进行洗涤。因为这些物质都是电解质，同样会与不锈钢起化学反应。

家用电器巧除污

家用电器使用日久，因使用环境和自身带静电等原因，极易附着灰尘和油污，不但影响电器的整洁美观，还直接影响使用寿命。如清除油污时操作不当，常会损坏家用电器。现在介绍几种家用电器的除污方法。

电视机、收录机线路板。切断电源，揭开后盖，用刷子自上而下轻轻扫去所有元件的灰尘，再用镊子夹一块蘸上少许酒精的棉纱或纱布将灰尘擦去，待全部清除后再用电吹风的冷风自上而下吹一遍。清除时间最好在干燥季节。电视机、收录机线路板应每隔 2 ~3 年清除一次，最好请懂其结构、原理的人清理，否则容易造成故障。

电视机屏幕。由于高压静电，电视机屏幕上极易吸上灰尘，影响图像的清晰度，在清理过程中如方法不当容易划伤屏幕。应该用软布轻拂屏幕后，再用脱脂棉球蘸酒精或高度白酒，以屏幕中心为圆心顺时针由里向外旋转擦拭，待酒精挥发后，即可通电观看。也可用专用防静电喷雾剂清理。

电水壶。使用时间长了，电热元件会形成水垢，影响电热元件寿命及加热时间。除垢方法是，用刷子蘸小苏打水溶液或醋酸进行刷洗，刷洗净后用清水冲洗，待晾干后即可使用。

电熨斗。电熨斗底板在熨烫衣物时，由于温度过高或操作不当，常会使光洁的底板沾上污垢，影响熨烫衣物的效果。除污方法：

（1）在污垢处涂少量牙膏后，用干净的棉布用力擦，污垢即可除去；

（2）电熨斗通电预热至 100℃左右，切断电源用一块浸有食醋的布料在污垢表面上反复擦几次，再用清水洗净即可；

（3）电熨斗通电预热至 100℃左右，切断电源，在有污垢处涂上少量苏打粉，用干净布料来回擦拭，污垢即可清除；

（4）污垢严重的底板，用布蘸抛光膏抛光，可保护电镀层。

换气扇。换气扇使用一段时间就会沾满油污，影响扇叶的转动，不利于排除烟尘，所以应每半年彻底清除一次。清洗时首先拔下电源插头，拆下前盖、叶轮、进风栅窗，用温碱水或专用清洗剂去除油污，再用布擦干。在清洗过程中注意避免接线盒等物件沾上水，影响绝缘度。

电风扇防护罩。风扇使用时间较长，金属防护罩上会有很多锈点，较难除去。如果用抹布蘸些洗衣粉和水涂在罩上，再蘸些滑石粉揩擦锈点，很快就能把锈点擦去。